NOSTALGIE DE LA LUMIÈRE

Collection BELFOND/SCIENCES
dirigée par Jean Audouze

JAMAL N. ISLAM
Le destin ultime de l'univers

PAUL R. EHRLICH, CARL SAGAN,
DONALD KENNEDY, WALTER ORR ROBERTS
Le froid et les ténèbres

ROBERT T. ROOD et JAMES S. TREFIL
L'univers : sommes-nous seuls ?

ALEXANDER BORBELY
Les secrets du sommeil

NICHOLAS FALLETTA
Le livre des paradoxes

ALAIN GALLAY
L'archéologie demain

MICHEL et JEAN GUIBERT
Les ordinateurs qui parlent

MICHEL et MONIQUE VIEILLEFOSSE
Un ticket pour l'espace

JEAN-PIERRE LUMINET
Les trous noirs

EVRY SCHATZMAN
Le message du photon voyageur

MICHEL CASSÉ

Nostalgie de la lumière

Monts et merveilles de l'astrophysique

PIERRE BELFOND
216, boulevard Saint-Germain
75007 Paris

Nous remercions les revues scientifiques qui ont bien voulu nous autoriser à reproduire les illustrations suivantes :

Fig. 26 d'après la revue *Astronomy* (Astro Media Corp., Milwaukee) vol. 5, avril 1977.

Fig. 27 d'après Ian Worpole in « L'explosion d'une supernova », *Pour la Science* n° 93, juillet 1985.

Fig. 29 d'après *Concepts of Contemporary Astronomy*, McGraw-Hile Book Company, fig. 28-6 p. 423.

Fig. 15, 20, 21, 33, 34, 35, 37 d'après *Sciences et Avenir*, n° spécial 33 : « Astronomie de l'invisible ».

Fig. 38 d'après *The Historial Supernovae*, D.H. Clark et F.R. Stephensen, Pergamon Press 1977.

Si vous souhaitez recevoir notre catalogue
et être tenu au courant de nos publications,
envoyez vos nom et adresse, en citant ce livre,
aux Éditions Belfond,
216, Bd Saint-Germain, 75007 Paris.
Et, pour le Canada à
Edipresse (1983) Inc., 5198, rue Saint-Hubert,
Montréal, Québec H2J 2Y3, Canada.

ISBN 2.7144.2099.0

A feu ma grand-mère l'étoile

«... Aussi loin que la science recule ses frontières, et sur tout l'arc étendu de ces frontières, on entendra courir la meute chasseresse du poète.»

Saint-John Perse

SOMMAIRE

PRÉFACE

L'expérimentation en laboratoire et l'observation astronomique sont les moyens par lesquels nous accroissons notre connaissance de ce mystérieux univers qui est le nôtre.

Mais, pour chacun d'entre nous, cette exploration a commencé bien avant les premiers contacts avec la recherche scientifique. L'enfant, très tôt, explore son environnement. Les connaissances nouvelles modèlent profondément son développement. C'est dans — et par — l'interaction entre le monde intérieur et le monde extérieur que l'être humain se fabrique et évolue au cours des années de sa vie.

Interaction dynamique, truffée de rétroactions au cours desquelles la perception du monde extérieur influence l'évolution du monde intérieur, et dans laquelle l'évolution du monde intérieur influence la perception du monde extérieur.

Or ce que chaque être humain vit au cours de son évolution personnelle, il semble bien que l'humanité l'ait vécu, le vive encore dans son ensemble. Aussi loin que nous puissions remonter dans l'histoire, le jaillissement des connaissances et de réflexions nouvelles s'accompagne d'un extraordinaire bouillonnement d'activités créatrices tous azimuts. Le siècle de Périclès et la Renaissance italienne nous en offrent de beaux exemples.

Confrontés à de nouvelles réalités, le cerveau humain ne se contente pas de les répertorier, de les cataloguer, de les classer, de les archiver. Ces réalités le marquent profondément. L'imaginaire, le monde des images, est le lieu de cette interaction. Il se nourrit des perceptions, les transforme, les transfigure, et peut ensuite les projeter au-dehors, par exemple dans le cadre de la création artistique. L'œuvre d'art est une façon d'enrichir la réalité en y ajoutant les produits de cette fermentation.

L'accélération des découvertes scientifiques depuis quelques décennies a encore considérablement élargi le domaine de notre connaissance du monde. Des instruments nouveaux, télescopes et microscopes, nous renvoient des images invisibles à l'œil « nu » et nous permettent de regarder par des fenêtres jusqu'ici closes. Atomes, molécules, quarks, galaxies, pulsars, quasars, autant d'éléments du Cosmos totalement inconnus de nos arrière-grands-parents.

Ces données nouvelles sont prêtes pour la fermentation comme la vendange encore fraîche de la dernière récolte.

Mais la structure cérébrale des êtres capables de faire progresser la science est généralement assez différente de celle des êtres capables de se livrer à cette fermentation. Les chimistes sont rarement des alchimistes (au sens que donne à ce terme la psychologie moderne). Les qualités qui font d'un humain un bon scientifique — esprit critique, aptitude pour la logique, les mathématiques et la rigueur des raisonnements — ne font pas souvent bon ménage avec le goût pour le lyrisme, la poésie et les grandes envolées mystiques.

Le réductionnisme est la démarche la plus efficace de la science. Les esprits naturellement doués pour l'exercice de cette méthode sont rarement des imaginatifs, ouverts aux autres dimensions de leur âme et capables de se laisser aller aux audaces visionnaires. Il me semble que Goethe et Newton n'auraient pas eu grand-chose à se dire. Pas plus que Rimbaud et Laplace...

La connaissance des données scientifiques de pointe est généralement l'apanage exclusif d'êtres peu enclins à cette fermentation intérieure. Par ailleurs, les êtres doués pour cette alchimie se sentent peu sûrs d'eux-mêmes sur le plan scientifique et donc peu en mesure de s'abandonner à cette fermentation.

Dans cette voie, Michel Cassé est véritablement un pionnier. Il se déploie sur les deux tableaux. C'est un chercheur de pointe qui manipule la démarche scientifique avec toute la rigueur requise. Ses travaux lui ont acquis une reconnaissance et une audience internationales. Mais sa structure affective lui interdit d'en rester là. Face au lyrisme qu'éveillent en lui les splendeurs et les mystères du Cosmos, il refuse de s'enfermer dans une prudence frileuse. Parfaitement capable de manipuler efficacement le réductionnisme scientifique — en tant que technique de travail —, il est également parfaitement incapable, dans sa vision globale du monde, de s'en contenter.

Ce que donnera cette alchimie des connaissances nouvelles, après voir été concoctée d'une façon coopérative par l'esprit humain, nous n'en savons rien. C'est un processus en devenir, analogue à la transformation du paysage naturel sous le pinceau des peintres cubistes, ou des mots familiers sous la plume de Rimbaud. Une chose est sûre : une nouvelle réalité, inédite et chargée de splendeurs, apparaît chaque fois que des éléments du monde extérieur sont mis en contact et régurgités par le monde intérieur.

Hubert Reeves

AVERTISSEMENT

Les termes inusités sont répertoriés et définis dans le Glossaire. Les modes de raisonnement inhabituels sont explicités dans l'Appendice.

LA QUÊTE DE PURETÉ

Toute l'acuité et la richesse de la physique fondamentale résident dans le jeu de forces et la tension qu'entretiennent l'espace intérieur de la représentation abstraite et l'empire extérieur de la réalité mesurable. La masse énorme des résultats de l'expérience, dûment ordonnés, distillés et condensés sous la forme codifiée des « lois », constitue le bien le plus sacré de la pensée fondamentale. Ces lois résument nos connaissances.

Le verdict suprême de cette connaissance est toujours l'expérience. Car l'expérience est au principe et à l'aboutissement de toute vision qui se réclame de la science.

Illuminé par l'intuition d'un ordre secret, le physicien s'efforce d'écrire des équations recelant un haut degré de symétrie mathématique dans l'espoir que son écriture symbolique rehaussée de beauté soit le reflet de quelque régularité de la nature. L'harmonie et l'économie de la pensée sont les principes directeurs de toute recherche fondamentale, même si à première vue elles semblent contredire les faits d'observation. Les mots ont remplacé les choses. Les équations remplacent les mots. La beauté, le charme sinueux des valeurs esthétiques, la perfection de l'expression sont le souci permanent des ouvriers en formules.

Ils soutiennent que la laideur ordinaire est induite par des phénomènes mineurs qui ne sont pas proprement éliminés. Ils en viennent parfois, afin de parfaire leur écriture, à ajouter des termes taillés sur mesure. Pour les beaux yeux de l'équation, pour la symétrie postulée, les voilà inventant, artistes visionnaires, ce qu'il manque de beauté. Il advient parfois que les termes ajoutés aux équations mathématiques prenant vertu de pure nécessité logique se mettent à exister dans le monde concret de la manipulation. Et l'idée se fait chair, prend forme manifeste sous l'œil inquisiteur de l'expérience.

« Signe et tu existeras », tel est le contrat passé entre particule et physicien.

Il en fut ainsi un jour des neutrinos, anges purs du ciel physique, qui trônent désormais à l'Assemblée des Particules Honorables, auprès des bons protons, neutrons et électrons.

Ainsi vinrent à exister les bosons intermédiaires, W^+, W^- et Z^o, supports de l'interaction dite faible et du prix Nobel de ses annonciateurs (Weinberg, Salam et Glashow) et de ses rabatteurs (Rubbia et Van der Meer).

L'équation, de fait, est une instance de l'écriture débarrassée de son fard. Il y a un art suprême dans le ciel, le cyprès, l'oiseau et l'équation. Et le monde finit ainsi par se diluer dans la clarté des symboles mathématiques, comme aimait à le dire Heisenberg.

PREMIÈRE PARTIE

MONTS ET VERSANTS DE LA LUMIÈRE

La lumière est dotée d'une histoire précise et détaillée dont nous ne pouvons retracer, et encore à grands traits, que quelques épisodes utiles à notre propos étoilé. Les lignes qui suivent se réfèrent à l'histoire écrite de la lumière. Elles ne briguent de ce fait aucune originalité. Bien au contraire, afin de composer cette petite histoire de la lumière, il m'a semblé bon parfois de puiser chez d'autres des formulations dont le bonheur et la pertinence restent inégalés, notamment chez Louis de Broglie, car sur sa lyre la lumière est plus belle. C'est la lumière qu'il faut servir, je pense, et non l'ego de son zélateur.

Deux images perpétuelles s'affrontent (en s'aimant) dans la lumière. L'une est le grain, l'autre l'onde. Du bon grain et de l'onde admirable nul ne sortit vainqueur, car le grain a bu l'onde et l'onde a emporté le grain.

Les théoriciens, au crépuscule du siècle, se représentent la lumière comme un être physique indispensablement double. La vérité de la lumière n'a de chance d'être approchée qu'au prix d'un renoncement à l'hégémonie d'un seul niveau de sens : onde/particule, continu/discontinu, localisable/délocalisé.

Il est bon de dire cette histoire. Il nous faut maintenant descendre aux détails.

L'onde-lumière

La nature ondulatoire de la lumière fut démontrée de manière convaincante dès 1807 par le physicien anglais Thomas Young. Faisant passer un faisceau lumineux à travers deux fentes étroites et parallèles percées dans un diaphragme opaque et examinant le résultat sur un écran placé à distance, Young fit la constatation surprenante que la nébuleuse des impacts formait un système de franges alternativement sombres et brillantes, ce qui trahissait indubitablement le caractère ondulatoire de la lumière. Car si la lumière était un courant de particules, comme le voulait Newton, les pinceaux lumineux issus des deux fentes auraient simplement formé une image uniformément brillante des deux fentes sur l'écran, avec un renforcement central. Qu'il masquât l'une d'entre elles et la figure disparaissait.

L'intensité de la lumière sur l'écran est analogue à la hauteur des vagues qui meurent sur le rivage après être passées à travers une jetée percée de deux chenaux. Ce phénomène, fort répandu, est produit par l'*interférence* entre ondes provenant de chacune des deux ouvertures. En certains points du rivage, les crêtes arrivent simultanément en provenance des deux orifices, produisant de fortes vagues. En d'autres points, intermédiaires, une crête bouscule un creux de vague et le comble, car creux plus crête = zéro, comme plus et moins ajoutés font zéro, produisant une bande d'eau calme.

Des interférences similaires entre ondes lumineuses émanant des deux fentes sont la source d'explication de la figure des franges sombres et brillantes observées par Young (*Figure 1*).

Ainsi donc, dans certaines circonstances précises, lumière + lumière = ombre. Et si la somme est nulle, c'est bien d'ondes qu'il s'agit.

Il faut faire la part de l'onde libre et de l'onde brisée (je suis ici de très près l'exposé de Louis de Broglie

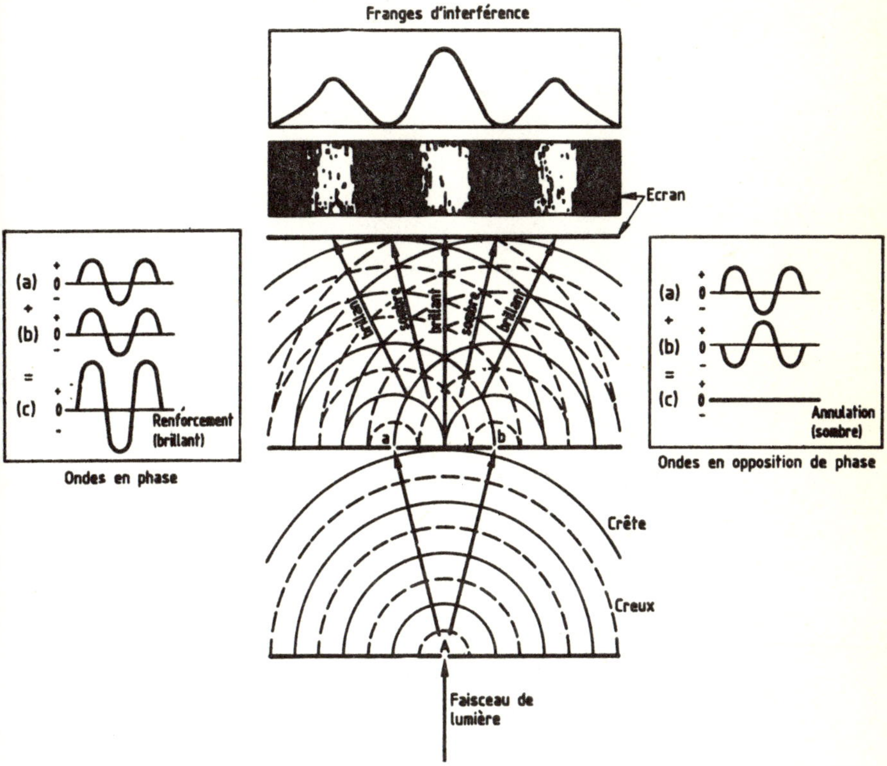

Figure 1. *Interférences lumineuses : lorsque deux ondes arrivent au même point en phase, elles se renforcent ; en opposition de phase, elles se contrarient et s'annulent si elles sont d'égale hauteur (amplitude).*

dans *Matière et lumière*). Une onde libre qui se propage sans rencontrer d'obstacle est analogue à une série de vagues qui déferlent à vitesse constante et dont les crêtes sont séparées par une distance égale les unes des autres (*Figure 2*). C'est l'intervalle entre deux crêtes que l'on nomme longueur d'onde, usuellement symbolisée par la lettre grecque λ (lambda), et mesurée en centimètres. En un point donné, un certain nombre de ces crêtes se succèdent à chaque seconde, ce nombre est appelé fréquence. Il est convenu de la noter ν (nu), elle s'exprime en Hertz, ou événements par seconde (*Figure 3*). Connaissant la vitesse de propagation de l'onde, c, la longueur d'onde et la fréquence se déduisent l'une de l'autre au moyen de l'équation $\lambda = c/\nu$ et réciproquement $\nu = c/\lambda$.

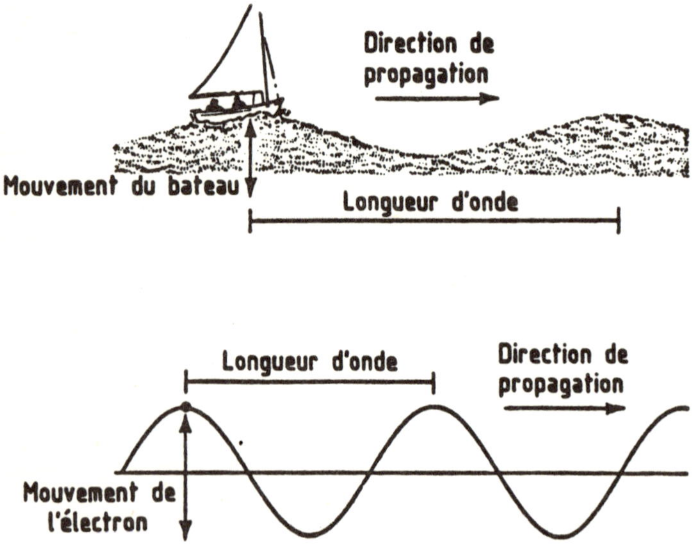

Figure 2. *Tout mouvement ondulatoire est caractérisé par la longueur d'onde ou la fréquence de l'onde. L'oscillation d'un électron suscitée par le passage d'une onde électromagnétique s'apparente à celle d'un bateau sur la mer.*

Les trois grandeurs : vitesse de l'onde (c), longueur d'onde (λ) et fréquence (ν), appartiennent au vocabulaire ondulatoire.

Imaginez la mer : une série de vagues déferlent sur le rivage. Supposons maintenant une côte parsemée de récifs. La propagation des vagues est contrariée. Elles viennent se réfléchir sur les obstacles et la *superposition* des ondes réfléchies donnera naissance à un *état ondulatoire complexe* où alterneront les régions de calme et de tourmente. Il y aura des zones de repos où les ondes réfléchies se neutraliseront mutuellement. Il en est également ainsi lorsque la lumière interfère avec la lumière.

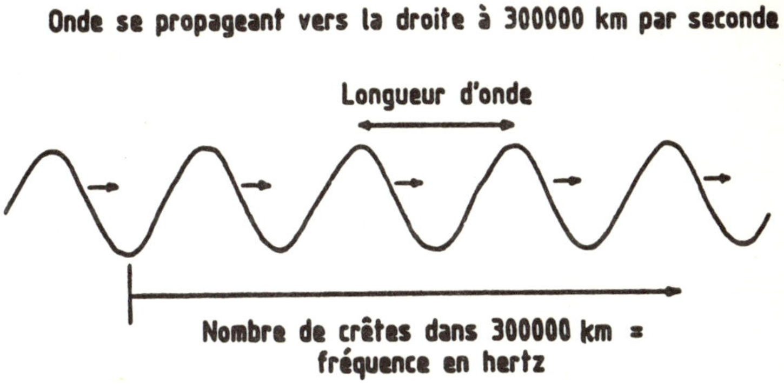

Figure 3. *La fréquence d'une onde est le nombre de crêtes qui défilent en un point donné en une seconde. Elle se mesure en Hertz* ($\nu = \frac{c}{\lambda}$)

La superposition est l'essence de l'onde. Les ondes peuvent s'ajouter pour se renforcer ou se contrarier jusqu'à s'anéantir. On parle selon le cas d'interférences constructives ou destructives.

Les ondes s'ajoutent comme des vecteurs. La somme de deux vecteurs peut être nulle, si les deux vecteurs sont de longueur égale et de direction opposée. Si bien que le vecteur donne une bonne représentation de l'onde. Il en résulte qu'un état lumineux complexe peut être considéré comme une combinaison d'états plus simples, tout comme un vecteur peut être considéré comme la somme de ses diverses composantes.

Le spectre électromagnétique : toutes les lumières

La compréhension moderne de la nature ondulatoire de la lumière passe nécessairement par la vision unificatrice de Maxwell, quant à la représentation tant physique que mathématique de cet être électromagnétique par excellence.

En 1873, ce physicien écossais parvint à démontrer que les effets électriques, magnétiques et lumineux ne sont que des aspects du même phénomène, que nous appelons depuis électromagnétisme. Maxwell remplaça donc les mots électricité et magnétisme par les *équations* de l'électromagnétisme, la lumière en devenant l'expression privilégiée, le messager ailé, la flèche volante. Ces équations sont trop complexes pour être données ici, mais sachez qu'à partir de l'édifice mathématique qu'il venait d'ériger notre visionnaire montra qu'une particule électriquement chargée, allant et venant entre deux points, est susceptible d'émettre une onde électromagnétique. Cette onde peut être représentée comme un vecteur électrique et un vecteur magnétique oscillant à angle droit. Sur sa lancée il montra mathématiquement que tout rayonnement électromagnétique — quel que soit sa longueur d'onde — devait se propager à travers l'espace vide à une vitesse très particulière, dénotée c. Maxwell calcula que c = 300 000 km/seconde. Il souligna que cette valeur de c était égale aux meilleures mesures de la vitesse de la lumière dont on disposait en son temps. Il en vint alors à suggérer que la lumière visible n'est qu'un aspect partiel et particulier du rayonnement électromagnétique et professa de surcroît que les rayonnements infrarouge et ultraviolet, connus dès cette époque, étaient des formes de lumière dont la longueur d'onde laissait notre œil indifférent. Il prédit enfin l'existence de rayonnements d'autres longueurs d'onde, tout aussi invisibles. Cette prédiction fut spectaculairement vérifiée en 1888 lorsque le physicien allemand Heinrich Hertz démontra expérimentalement l'existence des ondes radio. La lumière à notre œil encordée n'est plus que l'écume de l'invisible.

Toutes les formes de lumière, visibles et invisibles, sont constituées d'un champ électrique et d'un champ magnétique oscillants, disposés à angle droit, qui se propagent dans l'espace, en l'absence de matière, à 300000 km/seconde (*Figure 4*).

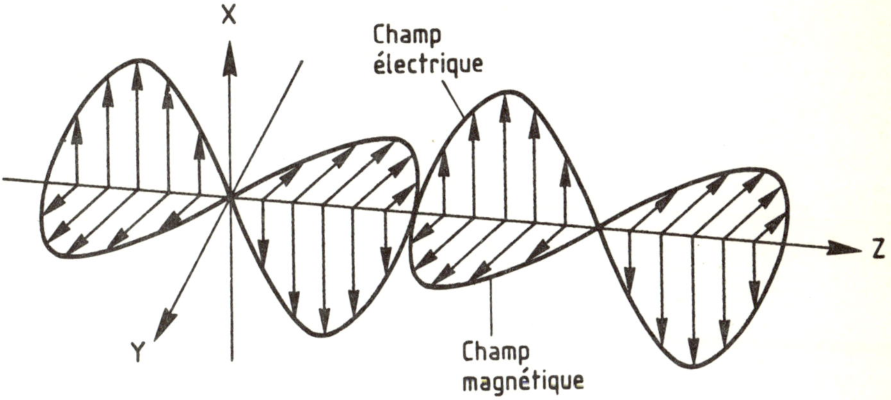

Figure 4. *L'onde électromagnétique : les champs électrique et magnétique sont perpendiculaires l'un à l'autre, et aussi à la direction de propagation. La vitesse de l'onde dans le vide est de 300000 km par seconde.*

L'éventail de toutes les radiations électromagnétiques est appelé *spectre* du même nom. Il s'étend des fréquences *radio* aux fréquences *gamma.* La lumière visible occupe sur le spectre une plage minuscule. Celui-ci est arbitrairement divisé, pour des commodités de langage, en « couleurs » radio, infrarouge, visible, UV, X et gamma. Encore une fois, la grande famille électromagnétique recouvre tous les registres visibles et invisibles de rayonnement. Il y a plus dans la lumière que ce que l'œil connaît (*Figure 5*).

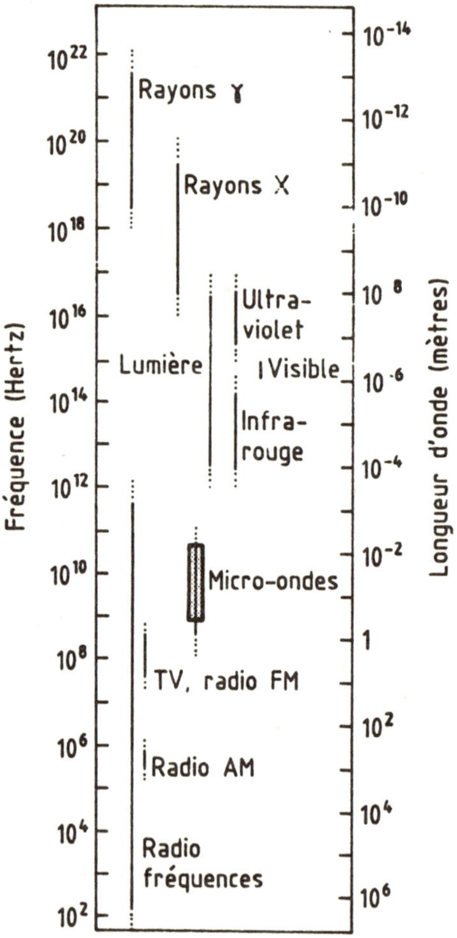

Figure 5. *Fréquences et longueurs d'onde des divers types de rayonnement électromagnétiques.*

Les photons — qui préparent leur entrée en scène —, grains de rayonnement qui transportent l'énergie et l'impulsion (la quantité de mouvement[1]), sont de même nature, que la lumière soit perceptible ou non. Les grandeurs qui servent à les caractériser (masse nulle, charge électrique nulle, ainsi qu'un certain attribut de rotation appelé « spin », de valeur unité) sont les mêmes pour tous, indépendamment du domaine spectral. Seule la fréquence, à laquelle est reliée l'énergie, comme nous allons le voir bientôt, permet de les distinguer. Un même photon peut passer d'une couleur visible à une couleur invisible et inversement, ou d'une couleur invisible à une autre, pourvu que son énergie change sous l'effet d'une interaction avec un autre photon, ou un électron, ou encore un pur champ magnétique.

L'art n'est plus désormais dans la couleur mais dans la combinaison des couleurs visibles et invisibles, foi d'astronome de l'invisible.

Grains de lumière

Le rayonnement électromagnétique est émis par paquets d'énergie, assimilables à des particules. Albert Einstein en fit l'hypothèse dès 1905 à seule fin d'expliquer la capacité de certaines lumières à extraire des électrons d'un métal. Cette explication de l'effet photoélectrique conféra à l'hypothèse d'une particule-lumière un début de légitimité.

La notion de particule, intuitivement simple, demande cependant qu'on la considère avec quelque attention. Par particule (le terme « corpuscule » est aujourd'hui tombé en désuétude) s'entend, au sens clas-

---

1. Dans le cas du photon, énergie E et impulsion p sont liées par $E = pc$, où c est la vitesse de la lumière. De manière générale pour un objet de masse m et vitesse v, l'impulsion s'écrit $p = mv$.

sique du terme, une manifestation d'énergie, de quantité de mouvement, de moment angulaire (attribut de rotation) circonscrite dans un volume très restreint et susceptible de se véhiculer à distance, ceci à une vitesse finie, nécessairement inférieure à la vitesse de la lumière, en conformité avec le postulat de la relativité, dont on peut repérer la trajectoire[1] et suivre les péripéties à travers l'espace et le temps et dont l'intégrité, « la personnalité » (le terme est de De Broglie), est préservée. Einstein expliqua donc l'effet photo-électrique, en supposant que la lumière existe sous forme de paquets d'énergie assimilables à des particules baptisées par la suite *photons.* Sous couvert de cette hypothèse, l'action d'un rayonnement sur un électron individuel de la cible qu'il éclaire est traduisible en terme de choc de deux particules : le photon et l'électron. La quantité d'énergie portée par un photon est alors inversement proportionnelle à la longueur d'onde de la lumière observée (*Figure 6*). A grande énergie correspond courte longueur d'onde, et lumière violette, ou ultraviolette. Si bien qu'un photon unique de lumière rouge — donc de longueur d'onde relativement grande — ne possède pas assez d'énergie pour extraire le moindre électron d'un atome métallique. Un seul photon UV, cependant, dont la longueur d'onde est plus courte, possède assez d'énergie pour libérer un électron. La relation entre l'énergie E de chaque photon individuel et la longueur d'onde qui lui est associée, λ, s'exprime par une équation très simple : $E = hc/\lambda$ ou encore $E = h\nu$, où ν est la fréquence de l'onde et h la constante de Planck. C'est une donnée de la nature déterminante pour tous les phénomènes du microcosme. Des mesures de laboratoire montrent que $h = 6.6225\ 10^{-27}$ erg/s, ce qui est une valeur minuscule au niveau de notre expérience quotidienne. Ainsi chaque photon emporte une quantité infime d'énergie.

1. Nous verrons plus loin ce qu'il advint de la notion de trajectoire.

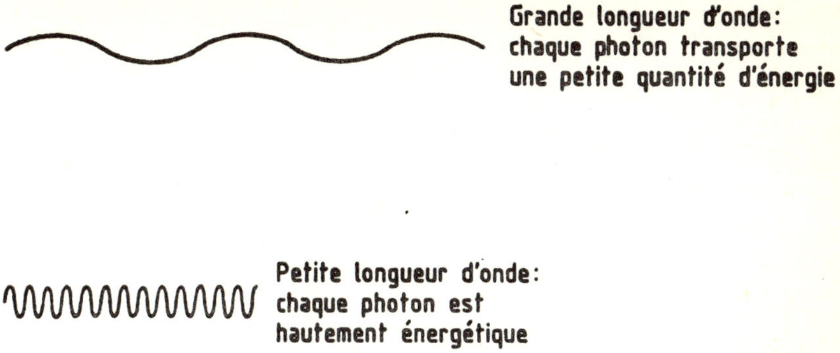

Figure 6. *Relation entre énergie et longueur d'onde d'un rayonnement électromagnétique : à courte longueur d'onde (haute fréquence) correspond haute énergie et inversement.*

Ce fut une brèche dans la théorie farouchement ondulatoire de la lumière dont Augustin Fresnel au siècle précédent s'était fait le champion. Et bientôt l'attaque se généralisa. La première salve fut de rayons X. Découverts en 1895 par W. Roentgen, ils étonnèrent le monde par leur facilité à traverser la matière. Ils sont aujourd'hui largement utilisés en radiographie médicale et en métallurgie.

Le physicien américain Arthur Compton découvrit et expliqua en 1923 le changement d'énergie qui se produit après que les rayons X, lumière pénétrante et invisible, ont interagi avec les éléments légers, comme par exemple le carbone sous forme de graphite. Il montra que les rayons X sont diffusés par les électrons contenus dans ces matériaux, en accord avec les principes de conservation de l'énergie et de l'impulsion (on dit encore la quantité de mouvement,[1]), *comme si* ce rayon -

1. Pour plus de détails sur ces notions, le lecteur est invité à consulter le Glossaire en fin d'ouvrage.

nement consistait en un courant de grains lumineux, une sorte de pluie de gouttes matérielles, déjà subodorés par Einstein, et dénommées photons (*Figure 7*). Les grands prédécesseurs, Planck et Einstein, avaient avant lui assigné à chaque photon une énergie précise liée à la couleur de la lumière qu'il transporte, ou mieux à la fréquence.

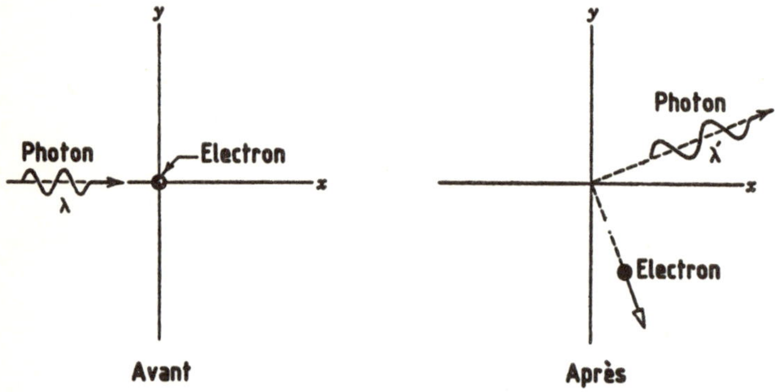

Figure 7. *Effet Compton : un photon interagit avec un électron au repos, il cède de l'énergie à celui-ci, le mettant en mouvement. Plus l'énergie cédée est importante et plus la longueur d'onde finale du photon s'allonge (plus l'énergie résiduelle du photon est faible).*

L'expérience de Compton fournissait l'évidence claire que les photons véhiculent des quantités bien déterminées d'impulsion, $p = h/\lambda$, et qu'ils répondent de ce fait à la définition de particules matérielles. Ainsi se trouva vérifiée la formule fondamentale de la mécanique ondulatoire $\lambda = h/p$, la formule complémentaire due à Einstein, $E = h\nu$ l'ayant été précédemment grâce à l'effet photo-électrique. Conclusion bouleversante : lumière et matière se rejoignaient dans la pensée humaine. La place nous manque pour évoquer la flambée novatrice qui chauffa au rouge les esprits de l'époque et dynamita la physique conventionnelle. Cela se passait au début de ce siècle, et les siècles futurs en parleront encore.

L'interprétation de Compton, s'agissant de l'effet qu'il avait découvert, est la suivante : un photon d'énergie donnée entre en collision avec un électron libre, ou très peu lié. Au cours du choc le photon subit une déviation, accompagnée d'une perte d'énergie et d'impulsion. L'énergie et l'impulsion perdues ont été cédées à l'électron préalablement au repos.

Ainsi les deux aspects de la lumière se sont fondus dans une unité supérieure. Peu à peu s'est donc dégagée l'idée d'un lien profond entre l'image des corpuscules élémentaires et celle des ondes. Le quantum d'action h, mieux connu sous le nom de constante de Planck, joue dans cette réconciliation un rôle essentiel : en effet, les grandeurs physiques qui servent à définir précisément ces deux images sont reliées les unes aux autres par des équations où figure toujours la constante h. Ces équations, admirables de simplicité, prennent la forme suivante :

$$E = h\nu \quad \text{et} \quad p = h/\lambda$$

On y lit, d'un côté l'énergie E et l'impulsion p de la particule et, de l'autre, la fréquence ν et la longueur λ de l'onde.

La constante de Planck est ici une sorte de trait d'union entre l'image de la particule et celle de l'onde et les équations ci-dessus sont des opérateurs de traduction d'un langage dans l'autre.

L'onde matérielle

Le langage de l'onde est utilisé pour établir des prédictions statistiques sur le comportement des particules — et ceci est un postulat fondamental de la *physique quantique,* théorie maîtresse du microcosme que nous ne pouvons qu'effleurer[1].

---

1. L'Appendice : « Poussières de physique glanées dans les champs quantiques » fournira peut-être quelques éclaircissements.

A toute particule, qu'elle soit de matière ou de rayonnement, doit être associée la propagation d'une onde. L'intensité de l'onde représente en chaque point et à chaque instant la probabilité pour que la particule qui lui est associée révèle sa présence en ce point et à cet instant. Ainsi, s'agissant de la lumière, cette onde règle la répartition dans l'espace et dans le temps des photons qui lui sont subordonnés. Les photons se localisent dans l'espace et dans le temps proportionnellement à la vigueur (l'intensité) en chaque point de l'onde lumineuse, qui à cet égard prend figure d'*onde de probabilité.*

Et cette règle de conduite s'applique aussi bien aux particules matérielles que lumineuses.

C'est à Davisson et Germer que revient le mérite d'avoir mis en évidence pour la première fois l'onde associée à l'électron, et qui sortait toute nue de la pensée de Louis de Broglie, ceci par une expérience de diffraction des électrons par les cristaux, décrite ci-dessous, où ces derniers se comportaient comme une certaine qualité de lumière identifiable aux rayons X. Cette belle histoire est contée par Louis de Broglie lui-même dans *Matière et lumière*, et je ne m'y attarderai pas. C'était la découverte cruciale qui allait établir sur une base expérimentale solide ce qui n'était alors qu'une vue de l'esprit, à savoir la duplicité de toutes les microparticules sans exception, et lancer les chevaux illuminés de la révolution quantique.

Voici les faits :

Si un faisceau parallèle d'électrons de même vitesse, v, et donc de même énergie, affleure sur un cristal, l'onde qui décrit le mouvement des électrons est redistribuée par les nœuds du réseau cristallin, régulièrement disposés et agissant comme des centres de diffusion (*Figure 8*). Les ondelettes diffusées se combinent entre elles et dans certaines directions privilégiées le faisceau renvoyé par le cristal est intensifié. Un détecteur interposé fait apparaître le résultat de cette interfé

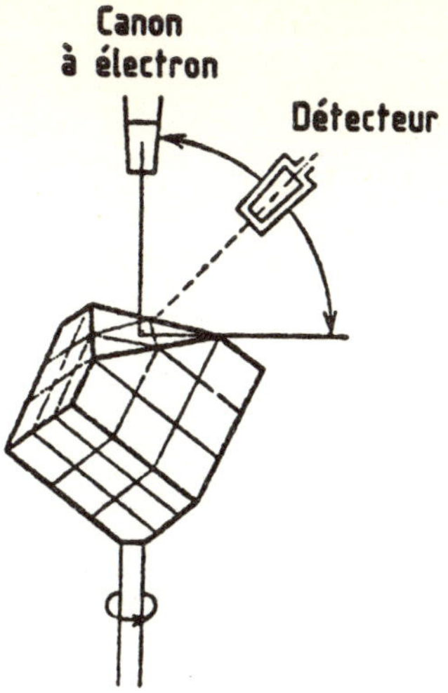

Figure 8. *L'expérience de Davisson et Germer sur la diffraction des électrons : Le faisceau d'électrons se comporte vis-à-vis du cristal de la même manière qu'un faisceau de rayons X de longueur d'onde* $\lambda = \frac{h}{mc}$, *où h, m et c sont la constante de Planck, la masse de l'électron et la vitesse de la lumière.*

rence : une figure caractéristique où alternent harmonieusement le brillant et le sombre, la présence et l'absence, comme s'il s'agissait d'un rayonnement de longueur d'ordre $\lambda = h/mv$. C'est bien ainsi que se révélèrent les « ondes de matière ». Dès lors, l'idée de dualité onde-corpuscule s'étendit non seulement au rayonnement, mais à l'électron, et par la suite à toutes les microparticules, sans exception. Le lien entre longueur d'onde et impulsion est assuré, selon de Broglie, par la formule $\lambda = h/p$, ou plus explicitement encore $\lambda = h/mv$, s'agissant de microparticules de masse au repos non nulle[1].

1. Pour les photons de masse nulle, la relation $\lambda = h/p$ est automatiquement satisfaite, comme l'a démontré Compton, elle est d'ailleurs utilisée pour définir leur impulsion ($p = h/\lambda = h\nu/c = E/c$), comme nous venons de le voir.

Les mondes fictifs

Il convient, à ce point du discours, de reconnaître que toutes les constructions conceptuelles de la science, aussi déroutantes qu'elles puissent paraître, ne servent qu'à décrire la nature et non à la comprendre. La science conventionnelle peut attribuer la plupart de ses monumentaux succès à sa stratégie pragmatique et à son adhésion à l'univers empirique. Ainsi le physicien peut-il accepter la nécessité de postuler la constance absolue de la vitesse de la lumière, la nature quantique du rayonnement et de l'atome, et considérer l'exactitude même comme une métaphore[1], malgré les conflits que ces notions engendrent avec l'intuition, puisqu'elles offrent un cadre rationnel à la description de la nature.

La question de savoir pourquoi la nature se comporte de telle sorte que ces postulats soient nécessaires dépasse la quête purement scientifique. D'aucuns s'étonnent de l'efficacité redoutable des concepts. Ils seraient peut-être mieux avisés de méditer sur la mise en équation de l'efficacité, qui est stratégie de la physique. La science est opératoire par essence.

La théorie procède par purification, réductions successives, distillation du sens. Instrument calculé pour être parfait dans son seul domaine d'application, chaque théorie n'est que provisoirement indépassable. Et si une théorie tombe, il n'y a pas lieu de s'attrister, c'est qu'on en a trouvé une meilleure. L'Univers lui-même est traité comme un fait culturel ; un Univers fort peu dense, mais fortement médité...

Les mathématiques, quant à elles, ont pour fonction de permettre l'exploration des conséquences ultimes de nos propres idées, dépouillées de tous leurs aspects anecdotiques. En ce sens elles conduisent à des prédic-

---

1. Comme en témoignent les relations d'incertitude quantique que nous abordons plus loin.

tions sur le comportement de la nature qu'il est possible de soumettre à la vérification empirique.

Quand bien même le succès d'une théorie ne prouverait rien, il conforterait le schème intellectuel utilisé et de ce fait l'ego de son auteur. Dans le sillage des triomphes périmés, longtemps après la mort de l'auteur, un monde fictif se métamorphose en « réalité ». Nous ne disons pas que Newton a inventé la gravitation, en tant que concept, mais qu'il l'a découverte.

Planck, Heisenberg, de Broglie, Dirac, Einstein ont restructuré de manière irréversible nos concepts fondamentaux touchant à la nature de la réalité en sublimant par un effort de conscience une vision évanescente, un songe envolé, intuitive clarté. L'imagination créatrice de l'artiste se métamorphose sous le ciseau de la mathématique en effigie de la raison.

Le profane est décontenancé par les restructurations de la réalité entraînées par les révolutions scientifiques. Un tel malaise se dissipera peut-être lorsque la communauté scientifique renoncera à perpétuer l'illusion que chaque révolution expurge les théories incorrectes et instaure la vérité. Il se produit plutôt ceci : le remplacement d'un monde fictif par un autre. La science retrouvera son intégrité au prix de cet aveu. Le pari de comprendre la totalité de la création n'est jamais tenu. Mais quelque chose de neuf, quelque chose de vivant va éclore, émerger de l'univers mental, de ses convulsions, de ses transes : une belle théorie.

Sociologie du microcosme

La physique moderne, tout au long de ses deux rives, relativiste et quantique, est un livre de pierre sculpté et gravé sans relâche par les artisans en formules. La physique est faite de mille vies de physiciens. Voici des glyphes familiers : proton, neutron, électron, et encore photon et neutrino. Ces fantômes concrets servent, foi de physicien, de support matériel à toutes choses.

L'atome et l'Univers sont des idées reçues des temps immémoriaux. « Rien n'existe que l'atome et l'espace vide, et tout le reste est commentaire. » La *particule élémentaire* (pour un temps) a remplacé le vieil atome philosophique de Démocrite, mais le précepte demeure. Tout phénomène peut être décrit comme résultant de l'*interaction*[1] de particules présumées élémentaires, le terme étant pris non plus dans le sens absolu et définitif, mais plutôt provisoire. La matière se révèle alors inépuisable en profondeur et le vide protéiforme. Les *forces*, ou interactions, engendrent entre elles certaines harmonies. La particule n'est ni un être mortel, ni un être immortel, c'est un intermédiaire chargé de traduire l'énergie polymorphe. La matière semble faite pour des esprits de médiocre entendement. Le moyen dont elle dispose pour qu'on l'admire est de produire l'existence, l'état de réalité manifeste. Mais le vide fait silence, porteur de toutes les naissances. Le vide est l'état latent, la matière l'état manifeste du même être physique omniprésent. La matière est à l'énergie ce que le temps est à l'éternité : elle en est l'image mobile.

La nature semble s'être donné quelques modèles qu'elle reproduit sans trêve partout, quelques règles intemporelles qu'elle introduit dans sa pratique universelle. Universalité des particules, des forces et des formes — le Cosmos profond et vrai manque d'imagi-

---

1. Chaque particule est supposée posséder en propre une impulsion, une masse, une charge électrique, entre autres attributs. Au moyen de leurs expériences, les physiciens peuvent mesurer ces propriétés et étudier la manière dont elles se modifient. Ils peuvent induire, notamment, la collision de deux particules. Si au moins l'une de ces propriétés change, ou si une nouvelle particule, au moins, est créée, alors les particules mises en présence sont dites « en interaction ».

Si, par ailleurs, une des particules se transmute spontanément, alors une interaction s'est produite au sein de la particule même.

Chacune de ces interactions est le résultat de l'intervention d'au moins une des forces de la nature.

nation. Partout prolifèrent les mêmes motifs, les mêmes enchaînements de micro-paysages.

L'Univers est en dernière analyse un édifice enchevêtré de particules que l'on dit simples (élémentaires). Myriades d'entités séparées et mouvantes et cependant assujetties par un réseau de forces. Réduire la complexité de l'architecture naturelle, l'armature invisible des choses, à la combinaison ordonnée de quelques types de corpuscules, telle est l'obsession de la pensée analytique. La science est une esthétique du peu. L'accès à la connaissance du monde infra-humain requiert une familiarité, une intimité même avec le fugace, le minuscule et le léger en mouvement, qui apparaît et disparaît au fil des collisions, en un mot avec l'être quantique par excellence, baptisé faute de mieux « particule ».

S'il faut définir son champ, la physique des particules est le domaine de la science qui vise :

1) L'inventaire des micro-objets existants — aussi bien permanents qu'éphémères — et leur mensuration (durée de vie, masse, charge électrique et attributs quantiques variés tels le « spin » et le « nombre baryonique »).

2) La mise en évidence de régularités (« lois ») dans le comportement individuel de ces entités élémentaires.

3) La mise en évidence de violations exceptionnelles de ces régularités ou au contraire la reconnaissance de leur caractère absolu.

Les archers du microcosme

Ce que nous imaginons exister doit être localisé en quelque manière, dans le temps et l'espace, fût-ce momentanément. Les « particules » apparaissent au travers de l'acte de mesure et disparaissent entre deux mesures. Ce sont les plus petites portions de la connaissance humaine, les atomes de savoir.

Ayant vocation de réalité physique concrète, elles sont conçues comme des entités simplifiées à l'extrême, idéalement épurées et simplement vêtues de quelques qualités ou « charges » définies. Ces quantités invariantes, qui s'échangent mais se conservent au total, les amènent à être perçues comme les objets matériels du champ physique. Elles en assument la corporéité. Et les voici palpables ou tout au moins observables.

Pour faire apparaître un objet, quel qu'il soit, il est nécessaire de l'éclairer. La longueur d'onde du faisceau éclairant détermine la finesse de la mesure ou si l'on préfère le pouvoir séparateur, les bons photographes vous le diront. En règle générale, les seuls détails que nous puissions révéler sont ceux dont la dimension n'est pas inférieure à la longueur d'onde du faisceau éclairant.

Pour cette raison, l'étude des micro-objets impose de très courtes longueurs d'onde et donc de très hautes vitesses et énergies, si l'on se souvient des relations de traduction du langage des ondes en langage des particules (relations de de Broglie et d'Einstein). Les propriétés corpusculaires du faisceau sont dès lors apparentes. De fait, les projectiles, lancés par les grands accélérateurs, se transforment en missiles qui détruisent les micro-cibles lorsqu'ils les atteignent. Dans les cas extrêmes où l'énergie cinétique des particules incidentes dépasse un certain seuil, les collisions se font créatrices : des paires particule-antiparticule semblent émerger du néant.

La connaissance du microcosme procède d'un art martial qui s'apparente au tir à l'arc :

1) La cible et la flèche avec le plus grand soin tu choisiras

2) Volées de flèches tu lanceras

3) Sur la distribution des impacts tu méditeras.

La physique des particules se confond donc avec la physique des hautes énergies car la plus haute finesse requiert l'outil le plus effilé, la flèche la plus pointue. Or la sonde la plus fine est la particule la plus légère et la plus énergétique, comme en atteste la relation $\lambda = h/mv$.

La physique microcosmique, nucléaire et subnucléaire étudie des phénomènes qui se produisent à des échelles extrêmement fines (10 ^{13} cm et moins) et de ce fait nécessite des faisceaux d'énergie très élevée, et donc des appareils géants. Ainsi le petit, le mouvant, le léger, le gratuit, demande pour se faire entendre un haut-parleur massif, statique et onéreux.

Forces et lois, formes et moi

La capacité symbolique, du mythe jusqu'aux mathématiques, a ordonné le monde mental et projeté du sens sur les vastes territoires chaotiques de l'inconnu. L'instinct social de l'homme, en effet, le pousse ostensiblement à voir un ordre là où il n'y a peut-être que danse et fête du chaos. Physicien est celui qui sait rendre ses obsessions indispensables. Physicien est également celui qui postule que la folie de l'Univers est tempérée par des lois universelles, admirant que la bénédiction des contraintes aide le destin à s'accomplir.

Les manifestations de l'évolution sont très nombreuses, mais elles résultent, du moins dans l'esprit du physicien de ce temps, de quatre interactions fondamentales, et seulement quatre, entre les micro-objets constituants. Aucune particule de notre Univers n'est isolée totalement de l'influence des autres particules. L'organisation de la matière, ou sa désorganisation, sa composition et sa décomposition, qui est la marque de l'évolution de l'Univers, procèdent des conflits ou des alliances conjoncturelles de ces quatre forces manifestes.

La *théorie quantique des champs* explique que la force qui s'exerce sur une particule est véhiculée par une nouvelle particule, spécialisée dans les messageries. Les particules messagères sont toujours du type *boson.* Celui-ci peut être soit émis soit absorbé. Ainsi la force naît de l'échange.

Nous savons expérimentalement que les photons sont des bosons, et que les protons, neutrons, électrons et neutrinos, reliques stables des temps révolus qui composent désormais l'univers matériel, sont des *fermions.* On observe que leur comportement en société est en effet tout différent : les bosons témoignent d'un puissant instinct grégaire, alors que les fermions font leur possible pour se singulariser vis-à-vis de leurs semblables (*Figure 9*).

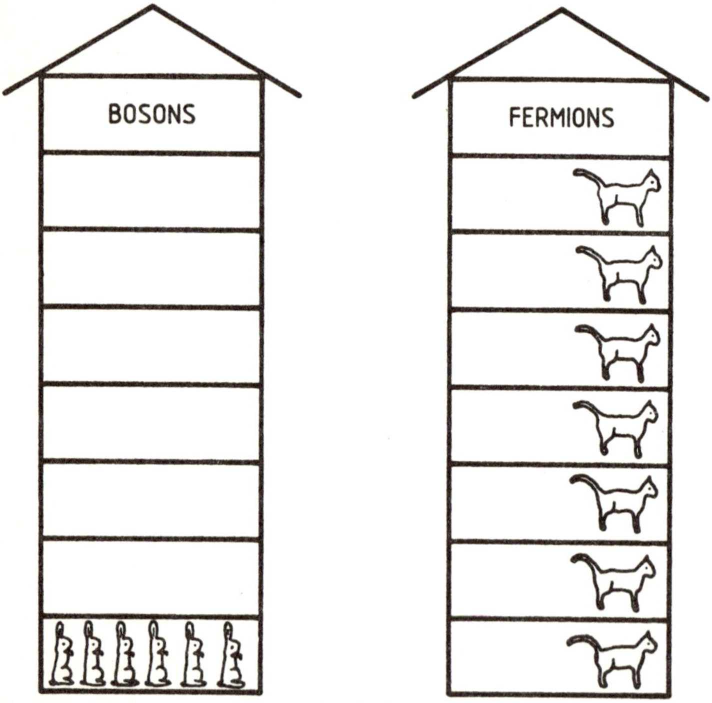

Figure 9. *Les deux types de particules : les bosons affectent un instinct grégaire, les fermions adoptent une attitude individualiste. Aucun phénomène ne saurait faire coexister deux fermions dans un état de mouvement identique.*

Nous savons aussi que les bosons ont un *spin* entier (1 pour le photon) et les fermions un spin demi-entier (1/2 pour les particules citées). C'est d'ailleurs ainsi qu'on les distingue.

Le spin est donc une donnée sociologique du microcosme. Les fermions sont individualistes, les bosons collectivistes, il convient de s'en souvenir. La théorie quantique des champs nous montre que la corrélation entre spin et comportement vis-à-vis de ses semblables n'est pas accidentelle, mais nous ne pouvons entrer ici dans de tels raffinements.

Le spin est un attribut quantique désigné par un nombre. D'autres *nombres quantiques* viendront encore décrire la sensibilité de la particule aux forces qui la sollicitent. Dans la conception contemporaine, il faut entendre par force non seulement ce qui pousse, qui tire ou modifie le mouvement, mais aussi tout ce qui incite au changement, à la métamorphose. La force, ou mieux l'*interaction,* dans l'acception physicienne, se définit donc comme *l'agent unique de la transformation.*

Les forces, en apparence, sont au nombre de quatre : *forte, faible, électromagnétique et gravitationnelle.*

Les quatre influences physiques s'entrecroisent en nous et en toutes choses. Aux nœuds des relations sont les particules (*Figure 10*).

Les traits distinctifs des diverses interactions sont leur *spécificité* (sur quel type de particule l'interaction considérée agit-elle ?), la *portée* de leur influence et leur *intensité.*

L'intensité d'une interaction donnée peut être caractérisée par un nombre, une constante universelle qui mesure le taux auquel procèdent les transformations induites par ladite interaction. Les quatre forces sont spécifiques, hiérarchisées en portée et en intensité, mais non exclusives.

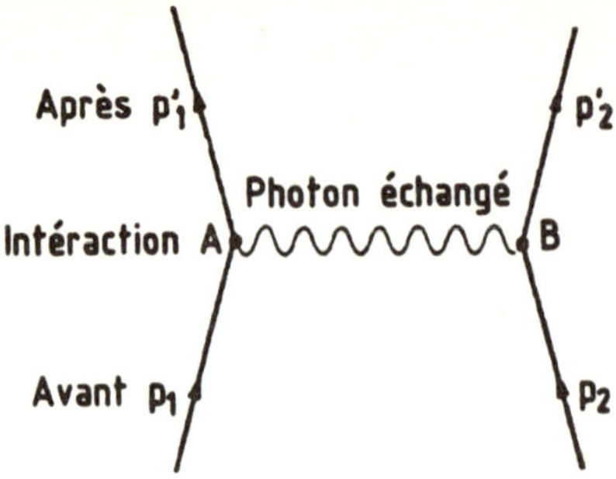

Figure 10. *Diagramme de Feynman (représentation symbolique d'une interaction). L'interaction électromagnétique est décrite dans le cadre de la théorie quantique des champs comme l'échange d'un photon virtuel entre les particules chargées intervenantes. Le photon transfère de l'énergie et de l'impulsion d'une particule à l'autre. Les impulsions initiales et finales des deux particules sont désignées par p_1, p_2 et p'_1, p'_2, respectivement.*
De manière plus générale, les bosons vecteurs sont des particules d'échange qui véhiculent la force. Chaque type de force dispose de son agent de liaison. Le photon relaie la force électromagnétique, les bosons W et Z l'interaction faible et les gluons l'interaction forte (interquarks). Il existe des règles qui relient quantitativement ces dessins à des quantités mesurables. Le calcul est complexe mais très sûr. Une page de symboles prise au hasard dans une revue spécialisée, telle Physical Review, *pourrait témoigner de l'âpreté du dialogue avec ce qu'il reste de nature.*

Interaction	Portée	Intensité	Effet	Champ d'action
forte	10^{-13} cm	1	attire (repousse)[1]	noyaux d'atomes
Électromagnétique	infinie	10^{-2}	attire ou repousse	de l'atome à l'étoile
faible	10^{-15} cm	10^{-6}	transmute	noyaux d'atomes
gravitationnelle	infinie	10^{-40}	attire	étoiles, galaxies, Univers

1. A très petite échelle, l'intraction forte devient répulsive, sinon la matière nucléaire prendrait un volume nul.

L'interaction forte domine en intensité toutes les autres, dont l'interaction électromagnétique (d'où son nom), laquelle surpasse l'interaction faible, qui elle-même laisse très loin derrière la minuscule force de gravitation.

Pourtant, il ne faut pas s'y méprendre, cette hiérarchie microscopique ne reflète en rien l'influence des forces à grande échelle. La gravitation est sans conteste la force dominante à l'échelle cosmique, parce qu'elle n'est contrebalancée par aucune antigravitation, et que son intensité, bien que déclinante, s'exerce sans limite de distance.

Les interactions forte et faible, de par leur portée minuscule, se sont fait un royaume du noyau de l'atome.

Quant à l'interaction électromagnétique, bien que de portée illimitée, elle ne saurait gouverner le vaste Cosmos car les grandes structures sont inactives du point de vue de l'électricité. En effet les charges électriques plus et moins, en nombre égal, partout se neutralisent. Ce n'est pas pour autant une entité négligeable : la force électromagnétique a pris possession du vaste domaine laissé vacant entre l'atome et l'étoile, qui inclut le minéral, l'animal, le végétal et l'homme.

Ainsi chacune des quatre forces assume son identité et sa fonction précise. Mais il n'en fut pas toujours ainsi, semble-t-il. Le cosmologiste, théoricien de la jeunesse flamboyante de l'Univers, nous parle confusément d'un temps ancestral, où toutes les forces n'en faisaient qu'une, dans un Univers opaque à sa propre lumière, et donc inobservable. L'unité, à l'entendre, fut paradoxalement si complexe, qu'il nous ôte toute envie d'en parler. Si le UN n'est ni simple, ni durable, ni transparent, nous nous consolerons avec le multiple qui perdure depuis quinze milliards d'années, et laisserons dormir dans une ombre respectueuse la première seconde du discours cosmologique.

La séparation actuelle du monde entre les quatre

puissances physiques ne résulte que d'un accord durable certes, mais modifiable. L'équilibre apparent n'est que le fruit d'une négociation permanente, pour tout dire d'une guerre larvée.

Les forces assurent la cohérence et l'harmonie du monde, mais l'entraînent aussi vers un ordre tout différent. La nature évolue sous nos yeux, manipulée par les forces obsessionnelles, invisibles et invariables. Sous-jacentes au mouvement des forces triomphales, sous-tendant l'immobilité des forces antagonistes. Sous toutes les mutations internes, toujours des forces, et de même sous les catastrophes et les accalmies universelles.

Mais les capacités de transformation du Ciel et de la Terre ne sont pas illimitées.

L'enthousiasme régénérateur de l'Univers est modéré par des lois restrictives, dites de conservation — les systèmes physiques se modifient, mais de telle manière que l'énergie et l'impulsion totale de ceux-ci se retrouvent intactes après leurs transformations. Cette loi et quelques autres, rassemblées dans le grand livre de la physique, constituent la véritable charte constitutionnelle de l'Univers.

La quintessence de la pensée de la nature, en ce siècle finissant, est la suivante : le contenu matériel et lumineux de l'Univers est en apparence hautement sensible à ce qui semble être une série d'accidents numériques, en l'occurrence la hiérarchie d'intensité des forces : 1, 10^{-2}, 10^{-6}, 10^{-40}. La conséquence de cet arrangement fortuit (?) de chiffres est l'émergence de la vie et de la conscience entre le gemme et l'étoile.

Nous n'existons, semble-t-il, que par la grâce d'une combinaison favorable des constantes du microcosme et du macrocosme. Mais qui pourrait se contenter de cette maigre explication ? L'existence d'au moins un observateur conscient dans l'Univers n'impose-t-elle pas ce miracle ? car autrement que serait-ce que penser ? Penser, en effet, n'est-ce point donner un sens au monde ?

Autographe des forces

Parmi les quatre forces en lesquelles les physiciens reconnaissent les moteurs universels, la vie terrestre, la vie pensée à deux mètres de haut, enfin presque, a rendu familières les deux forces à longue portée, à savoir l'interaction électromagnétique et la gravitation. La première maintient la cohésion des œuvres architecturales du monde supranucléaire (atomes, molécules, corps liquides et solides). La seconde contrôle le mouvement de la Terre autour du Soleil et tient, entre autres choses, la Terre sous nos pieds.

Les interactions forte et faible régissent le microcosme et sont dans les conditions ambiantes de notre existence totalement insoupçonnables. Mais les djinns puissants lovés dans les noyaux d'atomes ne sommeillent jamais. La radioactivité naturelle apporte la preuve du travail en profondeur de la matière et du caractère inachevé du monde nucléaire, puisqu'il peut advenir qu'une particule troque sa dépouille pour une autre, au bénéfice non seulement de sa mise mais surtout de la stabilité intérieure du noyau d'atome qu'elle habite.

Ainsi se déforment les paysages intimes.

Les forces ont infiltré le monde. Certains types de particules les ressentent toutes à la fois, d'autres partiellement.

Les *hadrons* sont les seules particules sensibles aux interactions dites fortes — on comprend le bien-fondé de cette appellation. Ils se divisent eux-mêmes en *baryons* et *mésons*. Le terme générique baryon recouvre les protons et neutrons, particules familières et rassurantes, ainsi que bien d'autres encore, toutes éphémères et instables. Les mésons sont des particules nucléaires de masse intermédiaire entre celles de l'électron et du proton, et de spin nul.

Les hadrons peuvent également subir les assauts des interactions électromagnétique et faible, et bien sûr gravitationnelle, puisque rien n'échappe à l'obscure gravitation.

Les *leptons*, quant à eux, subissent les effets des interactions électromagnétique et faible, mais sont insensibles à l'interaction forte. Pour en terminer avec l'aspect classificatoire, inévitablement rébarbatif, mais absolument nécessaire, les *bosons vecteurs* ferment le bal, ce sont les agents de liaison dont ont besoin les particules pour exister socialement.

Les messagers et les destinataires, nous le savons, affectent des comportements très différents. Les agents de transmission de toutes les interactions sont du type « boson ». Les propriétés communes des bosons sont les suivantes :

1) Leur « spin » est entier ou nul (c'est précisément pour cette raison qu'il s'agit de bosons) ;

2) Ils peuvent être individuellement créés ou détruits (émis ou absorbés).

Les « fermions », sur lesquels s'exercent les interactions — protons, neutrons, électrons et neutrinos —, c'est un fait d'expérience, possèdent en revanche des spins demi-entiers et leur nombre est conservé dans les conditions physiques qui caractérisent l'Univers actuel.

Tout bien considéré, notre perception de la « nature » a fini par s'émanciper de l'intuition spatiale et visuelle et donc de toutes les icônes. Le style propre de l'art quantique consiste à susciter l'effet quasi magique du jeu formel, du jeu invisible. L'antériorité du formalisme par rapport à son interprétation est érigée en stratégie.

Par la seule vertu du maniement opératoire déductif, la matière se dématérialise et la lumière se substantifie. La théorie aborde aux rives du mystère : essence invisible de la lumière et efflorescence de ce qu'il y a de non substantiel dans l'objet.

Par l'usage combiné d'images mentales opposées, la puissance imaginative parvient à transcender l'antinomie de l'onde et de la particule.

Ce que nous appelons communément « force » est selon la pensée quantique phénomène collectif, causé par l'échange d'innombrables particules virtuelles[1].

Parallèlement, les « particules » sont décrites comme des modes propres de l'excitation des *champs*, comme les notes d'une guitare sont les modes particuliers de résonance des cordes pincées.

La subtilité associée à cette représentation du champ et des modalités du champ est malheureusement strictement incommunicable en mots, car le langage naturel des champs est essentiellement mathématique et c'est bien à regret qu'il nous faut renoncer à dire.

Il convient, cependant, pour en finir avec ce descriptif ingrat, d'insister sur le caractère complémentaire des quatre forces. La division en catégories n'implique pas l'exclusivité de celles-ci, nous y insistons.

La division opérationnelle en quatre forces distinctes ne peut être retenue comme fondamentale. Les espérances d'unification n'ont jamais été aussi vives, mais ne nous trompons pas de débat. Ce qui nous intéresse ici est l'historique de la structuration de l'Univers et la révélation tant de son contenu manifeste que de son contenu latent. La physique n'est pas ici une fin en soi mais un instrument.

Charges généralisées

Il existe une relation, familière à tous les physiciens, entre ce qu'ils qualifient de *symétrie*, d'une part, et de *loi de conservation*, d'autre part.

S'il se révèle qu'une symétrie particulière modèle une loi de la physique, on peut suspecter qu'une quantité

1. Nous reviendrons abondamment sur ce type de « virtualité ».

qui se conserve, c'est-à-dire qui reste identique à elle-même au cours de l'action, disons une « charge », lui est associée. Inversement, si une loi de conservation transparaît derrière les phénomènes, le physicien ne peut s'estimer satisfait que lorsqu'il découvre la symétrie qu'elle exprime. Mais il ne s'agit pas ici d'illustrer la puissance du concept de symétrie ou de loi de conservation, mais plutôt d'en énoncer les conséquences essentielles. La conservation de la charge électrique[1], par exemple, garantit la stabilité absolue de l'électron, qui est la particule chargée la plus légère, dans l'espace vide. Cela se comprend aisément : imaginons que l'électron se brise, il ne peut engendrer que des particules moins massives que lui. Il en existe bien, à savoir le neutrino de masse infime, sinon nulle, et le photon, de masse absolument nulle, mais celles-ci sont électriquement neutres. Si de surcroît on exige que la désintégration de l'électron préserve la charge électrique, on élimine toute possibilité de désintégration. Ce qui revient à considérer l'électron comme absolument stable. Ceci est bien conforme à l'observation. La limite expérimentale du temps de vie de l'électron est en effet de $3\ 10^{25}$ ans.

La conservation de la charge électrique par elle-même, cependant, ne peut expliquer la stabilité du proton, car de nombreux modes de désintégration sont énergétiquement permis (car le proton est lourd), du type $p \rightarrow e^+ e^- e^+$, par exemple, ou encore $p \rightarrow e^+ + \pi^0$ (ou π est le méson pi), mais nul ne les a jamais observés. Ce n'est pourtant pas faute d'avoir cherché. « L'annonce de ma mort est quelque peu exagérée », semble déclarer l'ironique proton à ceux qui vivent dans l'espoir de le voir disparaître pour confirmer leur belle théorie. La non-occurrence de ces pro-

1. La conservation de la charge électrique, au-delà de toutes les vicissitudes, est reliée à une symétrie mathématique des équations qui décrivent les interactions des particules chargées électriquement.

cessus implique l'introduction d'une charge additionnelle, B, appelée *charge baryonique,* ou nombre quantique baryonique, dont on postulera la conservation absolue, jusqu'à preuve du contraire. Le nombre baryonique se retrouvera identique à lui-même avant et après interaction ou, dans l'écriture, codifiée de part et d'autre de la flèche qui la symbolise ($A + B \rightarrow C + D$).

Nous savons aussi que les fermions les plus légers ou *leptons* (électrons et neutrinos), tels des danseurs de tango, font toujours leur apparition en couple ($e^+ e^-$, $e^+ \nu$...). De surcroît les réactions du type double émission d'électrons à partir d'un noyau comportant A nucléons[1], dont Z protons, symbolisées par $(A, Z) \rightarrow (A, Z + 2) + e^{-} + e$, qui impliqueraient deux transformations répétées de neutron en proton au sein du noyau atomique, ne sont jamais observées. Ceci conduit à admettre l'existence d'une nouvelle charge L, appelée *charge leptonique* ou nombre quantique leptonique, dont on postule la conservation absolue. L'électron et le neutrino se verront affecter la charge leptonique $L = 1$, l'antiélectron (ou positon[2]), la charge leptonique -1.

L'arithmétique fera le reste.

Voici codifiée l'interdiction de créer deux charges leptoniques à partir d'aucune, et du même coup décrétée impossible la réaction $(A, Z) \rightarrow (A, Z + 2) + e^- + e^-$, qui pourtant conserverait la charge électrique, car L serait égal à 0 d'un côté de la flèche et à 2 de l'autre côté. Pareillement se comprend la désintégration du neutron, en proton plus électron plus antineutrino[3] :

1. Le terme nucléon recouvre à la fois proton et neutron. Un nucléon est un habitant du noyau de l'atome.
2. Les antiparticules verront leur statut précisé plus loin.
3. De manière générale, les antiparticules sont désignées en plaçant une barre au-dessus du symbole des particules correspondantes ($\bar{p}$, $\bar{n}$, $\bar{\nu}$) ; l'antiélectron (positon) fait exception, qui s'écrit e^+.

	n →	p +	e⁻ +	$\bar{\nu}$
E	0	1	−1	0
B	1	1	0	0
L	0	0	+1	−1

Cette interaction conserve séparément la charge électrique E, la charge baryonique B, et également la charge leptonique L, elle est de ce fait parfaitement permise, la meilleure preuve en est qu'elle se manifeste dans la nature sous la forme d'une certaine radioactivité, dite β (bêta). Nous voici donc en possession de règles d'interdiction, qui ne sont rien de moins que des constatations arithmétisées. Celles-ci sont fort utiles pour décréter que tel ou tel phénomène inconnu s'inscrit harmonieusement dans la nature ou au contraire doit être considéré comme aberrant et donc inexistant, selon la bonne logique physicienne.

Un peu de symétrie dans ce pauvre monde, par pitié !

Beaucoup de physiciens, entre les deux guerres, s'affligeaient de ne voir apparaître dans ce monde que des atomes d'électricité négative, des électrons, d'autant que Dirac prophétisait l'existence de l'antimatière. Certes, les protons assuraient la neutralité électrique, mais la disparité de masse entre ces derniers et les électrons (1 000 MeV contre 0,5 MeV) heurtait la sensibilité des amoureux de la symétrie.

Mais bientôt, dans les gerbes de particules qui tombent du ciel, engendrées par les *rayons cosmiques* dans la haute atmosphère, et dont les chambres à brouillard, inventées par un certain Wilson, visualisaient les traces, allaient apparaître des corpuscules que les aimants courbaient en sens inverse des électrons. Si ce n'est qu'elles tournaient à l'envers dans les champs magnétiques, les particules incriminées et les électrons présentaient des aspects identiques : leurs traces étaient impossibles à distinguer en l'absence d'aimant. Ainsi se révéla l'électron positif, alias positon. Anderson, qui en fit la découverte, fut aussitôt fêté comme un héros.

L'effet de matérialisation de l'énergie, qui fut d'abord constaté dans les grandes gerbes, se manifesta également dans le sillage des rayons gamma, qui sont des photons d'énergie supérieure à 1 MeV, énergie qui correspond à deux fois la masse de l'électron. Inversement, il fut observé que, lorsqu'ils viennent à se rencontrer, l'électron et le positon s'évanouissent en photons gamma.

La matière et l'énergie se prêtent donc au jeu singulier de la transmutation. Mais la matière apparaît et disparaît toujours en compagnie de son double antagoniste et mortel, l'antimatière, de masse et spin identiques mais qui diffère par l'inversion d'un attribut interne, d'un nombre quantique pour tout dire (charge électrique, propriétés magnétiques et autres, plus subtiles encore) : l'électron fera son apparition simultanément avec l'antiélectron, ou positon, le proton avec l'antiproton. Le neutron sera nécessairement accompagné de l'antineutron et le neutrino de l'antineutrino[1]. Quant au photon, fait remarquable, il est sa propre antiparticule, car il est dénué d'attributs internes, si on exclut le spin. Le photon est identique à l'antiphoton, ce qui fait que l'antimatière rayonne la même qualité de

---

1. S'il fallait donner une preuve de la différence de nature entre le neutrino et l'antineutrino, nous présenterions celle-ci :

Si le neutrino et l'antineutrino étaient identiques, la séquence de réactions suivante pourrait être envisagée :

$n \rightarrow p + e^{-} + \nu$

$\nu + n \rightarrow p + e^{-}$

qui se solderait par $2n \rightarrow 2p + 2e$, car le neutrino émis par la première désintégration pourrait être capturé par un autre neutron, qui se transformerait en proton. Ainsi pourrions-nous assister à une double décroissance bêta sans émission du moindre neutrino, ce qui n'a jamais été observé. Le neutrino ν et l'antineutrion $\bar{\nu}$ se différencient par la direction de leur spin (moment angulaire intrinsèque symbolisé par un vecteur), parallèle et dans le sens du mouvement pour l'un, parallèle et de sens contraire pour l'autre. On dit que le neutrino a une hélicité gauche et l'antineutrino une hélicité droite.

lumière que la matière, dont elle est, de ce fait, parfaitement indistingable au simple regard. Seul le « toucher », le contact, atteste de la présence ou de l'absence d'antimatière. Nous savons que la Lune n'est pas faite d'antimatière, sinon, à peine eussent-ils mis le pied sur notre satellite que les astronautes se seraient volatilisés.

La matérialisation (et antimatérialisation) de l'énergie est pratique courante partout où l'on dispose d'un grand accélérateur de particules. Il est alors possible de transformer l'énergie de mouvement communiquée au faisceau en énergie de masse. On soupçonne que ce fut aussi le cas dans l'Univers naissant, mais ceci est une autre histoire. Les particules créées vont leur chemin ; quant aux antiparticules, elles s'annihilent spectaculairement dans les parois de la machine et dans les détecteurs qui leur présentent leur contrepartie mortelle : la particule-reflet possédant au moins un attribut interne opposé. La matérialisation est le plus bel exemple de conversion d'énergie cinétique ou d'énergie rayonnante en énergie de masse. Un photon de haute énergie, par exemple, peut troquer la totalité de son énergie contre celle d'une paire particule-antiparticule, par exemple un électron et un antiélectron (positon), et de surcroît leur conférer le mouvement (*Figure 11*). Ceci en vertu de l'équivalence de la masse et de l'énergie chère à la relativité, une masse m n'étant, à tout prendre, qu'une quantité d'énergie mc^2 concentrée.

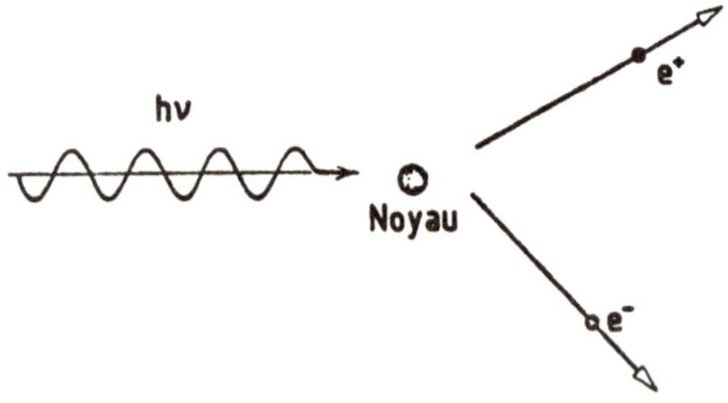

Figure 11. *Formation d'une paire électron-positon dans le champ d'un noyau à partir d'un photon gamma d'énergie hν. L'énergie électromagnétique est convertie en énergie de masse et en énergie de mouvement.*

Le principe qui doit nous guider dans l'analyse de ce phénomène est la conservation de l'énergie et de l'impulsion (*Figure 12*), d'une part, et des charges fondamentales d'autre part.

A partir de ces considérations légalistes, il n'est pas difficile de se convaincre qu'un photon ne peut simplement disparaître dans l'espace vide, faisant jaillir du néant par son sacrifice, en ses lieu et place, un électron et un positon. La présence d'un noyau atomique jouant le rôle d'« accoucheur » est hautement recommandée. L'intervention de celui-ci est nécessaire pour assurer la conservation simultanée de l'énergie et de l'impulsion, mais il ne participe pas directement à l'action. Sa structure interne ne s'en trouve d'ailleurs nullement affectée. Les charges fondamentales, comme on peut le vérifier, se retrouvent intactes :

	$\gamma \rightarrow$	e^+ +	e^-
E	0	+1	−1
B	0	0	0
L	0	−1	+1

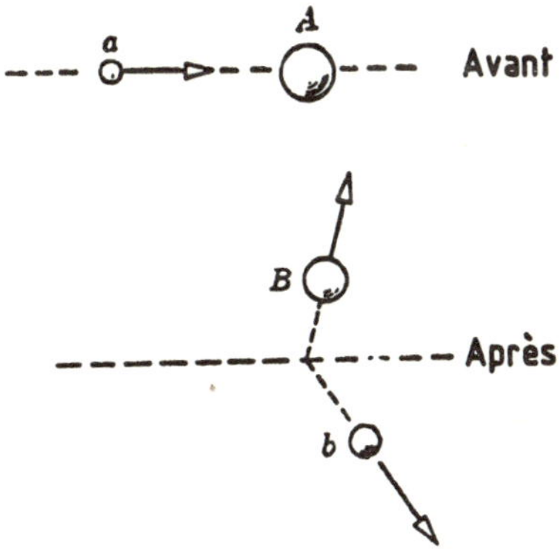

Figure 12. *Conservation de l'énergie et de l'impulsion dans une réaction élémentaire : les directions et vitesses des produits de la réaction sont entièrement déterminées par l'application des règles de conservation.*

L'équivalence de la masse et de l'énergie exige que le photon dispose d'au moins 1 MeV, soit l'énergie de masse du couple électron-positon qui représente la paire chargée la plus légère dont on puisse rêver, et encore cette paire-là est-elle produite au repos. Si l'on veut conférer le mouvement à ces nouveau-nés, les lancer dans l'espace, le prix à payer est un supplément d'énergie. La lumière visible, dont l'énergie est de quelques électron-volts (eV), est loin d'avoir les capacités de faire fleurir des paires sur son passage.

Si l'énergie du photon initial est au-dessus de ce seuil, l'excédent est cédé aux entités créées, ou bien un couple particule-antiparticule de masse plus élevée est poussé à l'existence si l'énergie le permet, par exemple :

	$\gamma \rightarrow$	$p\ +$	$\bar{p}$
E	0	+1	−1
B	0	+1	−1
L	0	0	0

L'apparition d'un couple proton-antiproton ($p - \bar{p}$) requiert une énergie d'au moins deux milliards d'électron-volts (2 GeV).

Le phénomène inverse, l'annihilation des paires particule-antiparticule, procède de la même physique. Au cours de ce processus, un électron et un antiélectron, par exemple, s'avancent délicatement l'un vers l'autre, jusqu'à se frôler. Au premier contact ils se fondent l'un dans l'autre et s'anéantissent mutuellement dans un éclair de rayons gamma et meurent en lumière (*Figure 13*). Matière et antimatière s'évanouissent pour ne laisser subsister que l'énergie rayonnante de leur rencontre, le plus souvent sous la forme de deux photons gamma de 0,5 MeV d'énergie chacun, et nulle cendre. La conservation des charges est évidemment vérifiée, comme on peut s'en assurer :

	$e^+\ +$	$e^- \rightarrow$	$\gamma\ +$	γ
E	+1	−1	0	0
B	0	0	0	0
L	−1	+1	0	0

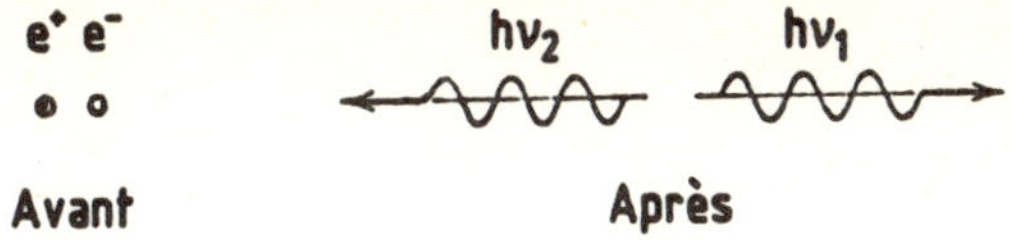

Figure 13. *Annihilation d'une paire électron-positon. L'énergie de masse de la paire particule-antiparticule est convertie en énergie électromagnétique. Deux photons gamma d'égale énergie (h ν = 0.5 MeV) sont émis en direction opposée, en conformité avec les règles de conservation de l'énergie et de l'impulsion.*

Méditation sur le neutre

Les scalpels s'affinent : les micro-projectiles lancés par les accélérateurs géants frôlent la vitesse de la lumière. L'énergie des micromissiles se compte en dizaines de milliards d'électron-volts. A de telles énergies, des paires particule-antiparticule ne peuvent manquer de se créer, qui ne font que brouiller les collisions, que l'on voudrait révélatrices, des projectiles élémentaires et de leurs cibles.

Imaginez un horloger, d'un genre peu subtil et même un peu fruste, pour les besoins de la démonstration. Une méthode simple et efficace lui vient à l'esprit pour révéler le mécanisme intérieur des montres et pendulettes qui encombrent son échoppe, et qui s'applique à tous les cas de figure. Il se saisit d'une montre et, d'un coup de marteau bien ajusté, fait voler en éclats l'enchevêtrement délicat de rouages et de petits ressorts et les répertorie avec autant de soin qu'il a mis de violence à assener son coup. C'est exactement le principe qu'utilisent les physiciens nucléaires pour sonder le cœur de l'atome et les physiciens des particules pour tenter de faire exploser les structures plus intimes encore qui le constituent. Ils bombardent les protons avec d'autres protons en espérant que deux protons se heurtent avec assez de violence pour se briser (expérience que personne n'est arrivé à réaliser).

Imaginez encore que les gerbes d'étincelles qui naissent des coups de marteau de notre horloger un peu indélicat se concrétisent en myriades de petites roues et menus ressorts, comme par un coup de baguette magique. Comment faire la part des rouages originels et de ceux qui sont apparus sous la violence du choc ? Comment reconnaître les particules constitutives du proton, ou réputées telles, au milieu de la pléthore de particules créées au cours du choc ?

Les physiciens des particules y parviennent, certes, mais au prix de grands efforts. La morale de l'histoire est qu'à trop vouloir détruire on finit par créer.

L'horloger perdu dans ses paradoxes, délaissant aiguilles et cadrans, clepsydres et sabliers, appelle à grands cris un philosophe qui passait par là. Laissons-lui la parole :

Platon raconte dans *Le Banquet* qu'à l'origine des temps les êtres naissaient doubles, à la fois mâle et femelle. Ces êtres étaient si harmonieux que Zeus lui-même en prit ombrage et résolut de les couper en deux. Apollon exécuta le plan, tranchant et tranchant sans relâche, mais en vain...

« Chaque moitié, soupirant après sa moitié, la rejoignait : s'empoignant à bras-le-corps, l'une et l'autre enlacées, convoitant de ne faire qu'un seul être, elles finissaient par succomber à l'inaction et, d'une manière générale, à l'incapacité d'agir, parce qu'elles ne voulaient rien faire l'une sans l'autre. »

Comment ne pas rapprocher de ce récit mythique ce que nous symbolisons par $\gamma \rightarrow e^- + e^+$ (production de paire) et $e^- + e^+ \rightarrow \gamma + \gamma$ (annihilation). N'est-il pas admirable que la dualité opposé-complémentaire de la matière et de l'antimatière rejoigne le mythe de l'androgyne primitif et la théorie platonicienne de l'amour ?

« Qui a dit qu'il n'y avait pas de poésie dans la science moderne, précise et compliquée ? Que pensez-vous de cette naissance jumelle des électrons des deux signes, vifs et rapides, quand un photon de lumière suraiguë vient frôler de trop près un atome de matière ? Et de leur mort jumelle aussi lorsque, ralentis, ils se rencontrent à nouveau, et se fusionnent l'un dans l'autre, émettant dans l'espace comme leur dernier soupir deux grains de lumière identiques qui s'enfuient en emportant leur âme d'énergie ? » Qui le dira mieux que Pierre Auger, qui découvrit les grandes gerbes de particules que le rayonnement cosmique fait proliférer dans l'atmosphère ?

Qui nous dira aussi où sont les mondes perdus de l'antimatière, s'ils ont jamais existé ? L'anti-moi-même n'est-il pas ?

Jamais monde d'antimatière ne fut observé et ce n'est pas faute d'avoir cherché avec nos yeux gamma, nos satellites. Mais l'absence d'évidence n'est pas l'évidence de l'absence.

Que nous reste-t-il de cette fable moderne, par science accréditée ? Avec l'idée d'antimatière le caractère incréé, immuable, intangible et définitif de la matière est nié. Il nous revient de nous souvenir que le « concret » est poussé à l'existence par la conversion en matière de l'énergie pure, qu'elle soit lumière ou mouvement. Lumière et matière ont cessé de se haïr et de représenter deux catégories philosophiquement opposées. Les particules sont pourvues de masse au repos non nulle et de charge définie, quantités globalement invariantes, qui les amènent à être perçues comme les objets réels du champ physique : ellcs assument la matérialité du monde. La lumière, en revanche, est dépourvue de charge, voilà tout.

La lumière est « une forme matérielle neutre », pour reprendre l'expression de Jean-Marc Lévy-Leblond, il est bon de se le répéter.

Mais cet intermède lumineux nous laisse un arrière-goût d'étrangeté mêlé d'insatisfaction. Il est temps de reprendre la marche vers l'étoile, mère de la lumière. L'étoile est le lieu où la matière se dématérialise.

DEUXIÈME PARTIE

UNE ÉTOILE DANS LA TÊTE

Le sénateur Soleil

Quels sont ces objets étranges qui poussent si loin l'art de briller ? Pourquoi les étoiles rayonnent-elles ? Et quelle est la source d'énergie qui entretient en permanence leur éclat ?

En 1800, de telles questions ne tourmentaient personne, sauf peut-être les très jeunes enfants. L'Univers était encore neuf. On lui accordait quelques milliers d'années d'âge, tout au plus, et cela en conformité avec la parole biblique. Le pôle d'intérêt de l'époque était la machine à vapeur et la conversion de la chaleur en énergie mécanique et inversement. Il n'y a rien d'étonnant à ce que le Soleil fût alors regardé comme une machine thermique. Le physicien allemand H. von Helmotz considéra la possibilité que notre étoile fût en état d'effondrement permanent et tirât son énergie lumineuse de l'écrasement des couches internes sous l'effet de son propre poids. L'énergie rayonnée était supposée provenir de l'échauffement de la matière résultant de la compression du gaz solaire sous l'effet de sa propre attraction gravitationnelle. Lord Kelvin, examinant soigneusement cette explication, en conclut que l'âge du Soleil ne pouvait en aucun cas dépasser 20 millions d'années. Mais, en ces temps héroïques, les géologues étudiant les fossiles emprisonnés dans les roches repoussaient à perte de vue l'origine de notre Terre et, par voie de conséquence, celle du Soleil, pour la situer à des centaines de millions d'années dans le passé. Ils mettaient ainsi dans l'embarras astronomes et physiciens, bien incapables de faire briller le Soleil aussi longtemps. Lord Kelvin, très contrarié, suggéra que les géologues étaient des noix et une polémique envenimée s'en suivit. Ils se trompaient, en vérité, mais pas dans le sens que Lord Kelvin eût souhaité. C'est en *milliards* que se comptent les années d'existence de la Terre et du Soleil.

Le mystère de la lumière du Soleil et de sa pérennité s'épaississait et, tant que la source d'énergie du Soleil et des étoiles restait énigmatique, aucun progrès réel ne fut possible, touchant au ciel et à sa sociologie. De fait l'astronomie stagna de longues années sur ses bases empiriques.

Il n'y a de cela qu'un demi-siècle, à peine, les étoiles apparaissaient comme une collection déconcertante d'espèces sans rapport les unes avec les autres. Le ciel était rempli d'une diversité quasi zoologique d'astres incompréhensibles. Aujourd'hui, bien que certains phénomènes restent mystérieux et que les découvertes d'objets singuliers soient monnaie courante, l'apparent chaos du ciel se résout progressivement en ordre logique et signifiant. Dorénavant une théorie maîtresse s'applique à tous les aspects du ciel, un corps de doctrine qui fait tenir ensemble tous les éléments structurels de la société des étoiles : la théorie de l'évolution stellaire. Cette théorie, véritablement physique, coup d'éclat de la pensée moderne, naquit du mariage de deux branches de la physique aussi éloignées que possible : l'astronomie, science de l'immense et du lent, et la physique nucléaire, science du petit et du rapide. Son grand mérite a été d'éclairer et de relier entre elles deux des plus grandes énigmes de l'Univers : la source d'énergie des corps célestes et l'origine des éléments, en posant que *l'énergie des étoiles est la conséquence de la transmutation des éléments en leur sein, et que l'énergie des étoiles et la transmutation des éléments sont la manifestation d'un même phénomène :* **la transformation partielle de la masse en énergie**.

Nous savons aujourd'hui que cette transformation se fait dans la plupart des étoiles par le biais des *réactions thermonucléaires* qui « brûlent » l'hydrogène et dont les cendres sont l'hélium. C'est à ce feu nucléaire que nous allons maintenant nous réchauffer.

La fusion de l'hydrogène en hélium dans les profondeurs du Soleil, telle que l'imaginent les astrophysiciens, suit un chemin complexe que nous allons maintenant essayer de retracer.

A l'intérieur du Soleil, les réactions nucléaires se produisent sous l'impact des chocs, l'énergie des particules provenant de l'agitation thermique, ainsi que le laissent supposer nos modèles physiques d'étoiles.

Dans une première étape, deux noyaux d'hydrogène ordinaire — ou protons — fusionnent en deutérium, composé d'un proton et d'un neutron (noté D) avec émission d'un positon (antiélectron) et d'un neutrino. Le neutrino véloce s'échappe instantanément de l'étoile. L'antiélectron, quant à lui, entre très vite en collision avec un électron du milieu. La particule et l'antiparticule s'annihilent, faisant jaillir sur place deux rayons gamma. Ce type de réaction s'effectue de manière permanente et ceci en un nombre extraordinaire d'exemplaires. Symboliquement :

	p +	$p \rightarrow$	D +	e^+ +	ν
B	+ 1	+ 1	+ 2	0	0
L	0	0	0	− 1	+ 1
E	+ 1	+ 1	+ 1	+ 1	0

La nécessité de l'interaction faible, qui se manifeste par l'apparition du couple positon-neutrino, provient du fait que la force interproton seule (interaction forte) est incapable de stabiliser le diproton ou système constitué par deux protons uniquement. Remarquons que la réaction fondamentale de transmutation solaire, détaillée plus haut, ne viole aucune loi de conservation — le contraire nous aurait étonné. Elle conserve séparément les charges baryonique (B), leptonique (L) et électrique (E). Elle est par conséquent autorisée et adoptée par la nature. Elle est cependant excessivement lente, et ce fait est heureux, car s'il n'en était pas ainsi le Soleil flamberait comme un feu de paille ! Cette lenteur a deux raisons :

1) L'énergie cinétique moyenne des protons, liée à la température centrale du Soleil, soit 15 millions de degrés environ, est faible (de l'ordre de 1 000 électron-volts) et la réaction de fusion s'opère avec grande difficulté dans la mesure où la répulsion électrique des protons s'y oppose vigoureusement.

2) Mais surtout la stabilité nucléaire de l'espèce formée exige l'intervention de l'interaction faible, qui, comme on le sait, n'a rien de fulgurant. Ce train de sénateur assure donc au Soleil une longévité enviable. Il est âgé de 4,6 milliards d'années et a encore à peu près autant à vivre.

Dans une deuxième étape, le noyau de deutérium rencontre dans la foule des protons un individu assez audacieux pour l'aborder et, profitant de la température propice qui les aide à vaincre, mais non sans mal, leur répulsion épidermique, électrique pour tout dire, ils parviennent à s'enchaîner. De cette union naît un noyau d'hélium-3, fait, celui-ci, de deux protons et d'un neutron, et un photon gamma (*Figure 14*). Dans les profondeurs de l'étoile les mariages se célèbrent par milliards. Le cri de joie, c'est la lumière.

Enfin, au cours de ses pérégrinations hasardeuses, le noyau d'hélium-3 heurte, dans les tréfonds agités de l'étoile, un noyau semblable qui n'attendait que cette occasion de se lier. Ils convolent donc, et de leur union naît le splendide hélium-4, escorté de deux protons. L'hélium-4 est majestueusement symétrique et stable : 2 protons et 2 neutrons le composent. D'autres réactions, plus complexes encore, se produisent pour aboutir à la gloire de l'hélium, que nous laisserons dans l'ombre

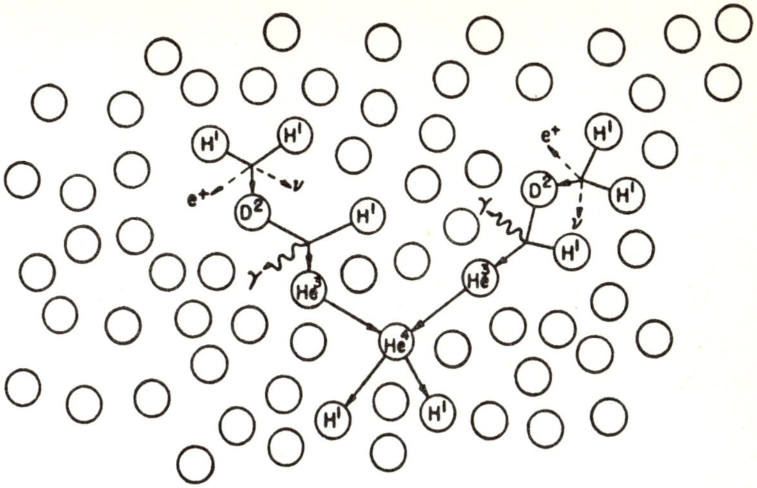

Figure 14. *Fusion de l'hydrogène dans les étoiles de type solaire.*

pour l'instant, même si nous leur devons un peu de la lumière du Soleil.

Bien que le taux de production du deutérium soit très bas, ceci en vertu de la lenteur excessive de la réaction qui le crée, un nombre suffisant de noyaux de cette espèce est à tout instant réuni pour engendrer une quantité significative d'hélium-4, car le nombre pléthorique de protons (une masse solaire en contient 10^{57}) compense la faible probabilité de les voir réagir. Du reste, le deutérium à peine formé est transformé en hélium-4, car les processus nucléaires qui prennent la suite de la réaction proton-proton n'impliquent que l'interaction forte dont on connaît la vigueur et la rapidité.

Le bilan général de la réaction s'établit comme suit : 6 protons à l'entrée, 2 protons et un noyau d'hélium à la sortie, ce qui se solde par la transformation globale de 4 protons en 1 noyau d'hélium, service compris.

La différence de masse entre l'hélium et les 4 protons

(26 MeV environ) se retrouve en énergie rayonnée sous forme de photons gamma, et dans une moindre mesure de neutrinos. C'est pourquoi le Soleil brille. Les neutrinos s'enfuient sans interagir, portant jusqu'à la Terre le message du cœur brûlant de Phébus.

Le cycle de fusion de l'hydrogène dans les étoiles plus massives que le Soleil, et plus chaudes aussi, est très différent dans ses méandres, mais il se solde globalement par un bilan identique. L'étoile, génie physique, emprunte des voies subtiles pour gérer avec économie son potentiel nucléaire, et il a fallu beaucoup de sagacité pour découvrir sa stratégie. A cette belle œuvre sont associés les noms de Hans Bethe, Fred Hoyle, William Fowler (prix Nobel 1983 avec S. Chandrasekhar), Al Cameron, Edwin Salpeter, Hubert Reeves, Evry Schatzman et bien d'autres.

Les photons gamma engendrés par les réactions nucléaires communiquent leur énergie à la matière environnante au fil des collisions avec les électrons, par le biais de l'effet Compton. Les électrons, eux-mêmes couplés électriquement aux protons et noyaux variés, leur communiquent le mouvement, et les protons à leur tour mettent en branle d'autres protons et noyaux par le biais de la répulsion électrique. Tout ce petit monde s'agite à souhait. Et de proche en proche l'étoile entière est réchauffée, préservant la chaleur infernale sans laquelle les réactions thermonucléaires ne pourraient avoir lieu. L'énergie est donc *auto-entretenue.* Mieux encore, le système est *autorégulé*: que le feu nucléaire vienne à faiblir, le Soleil gazeux et souple se contracte très légèrement et le feu repart de plus belle sous l'effet régénérateur de la montée de la température centrale. Si, au contraire, les réactions nucléaires viennent à s'emballer, le grand corps du Soleil se dilate imperceptiblement et l'équilibre est restauré.

Les rayons gamma, dégradés et assagis, épuisés par la traversée du Soleil, émergeront à la surface de l'astre au terme d'une pérégrination longue de plusieurs millions d'années sous forme de lumière caressante à l'œil. Car les photons, à la différence des neutrinos, se propagent en ligne brisée dans le ventre du Soleil, qu'ils réchauffent sans trêve. Quant aux neutrinos libérés, ils se détachent de l'étoile pour mener une existence d'errance indéfinie, rejoignant leurs ancêtres indifférents et indestructibles dans le bain universel où ils barbotent depuis la nuit des temps. L'énergie qu'ils emportent est très faible (moins de 1 % de l'énergie rayonnée), mais ils intéressent tout particulièrement les astronomes car ils émanent directement du cœur du Soleil, région inobservable par d'autres moyens. L'astronomie des neutrinos, astronomie enterrée, underground en quelque sorte, met en œuvre un énorme détecteur, tapi au fond d'une mine d'or à Homestake USA. Parmi les particules qui tombent du ciel, seuls les neutrinos transpercent de telles profondeurs de roche. Le piège à neutrinos est constitué par un réservoir de 400 000 litres d'un composé chloré liquide, qui sert par ailleurs de détachant industriel : le perchloréthylène $C\,Cl_4$. La détection est fondée sur la réaction, extrêmement rare, mais pas totalement inexistante

chlore-37 + neutrino → argon-37 + électron

qui se solde fondamentalement par la transmutation au sein du noyau cible d'un neutron en proton, de sorte que

	n +	ν →	p +	e^-
B	+1	0	+1	0
L	0	+1	0	+1
E	0	0	+1	−1

L'argon-37 gazeux est entraîné par un courant d'hélium, il est de surcroît radioactif. Son schéma de désintégration s'écrit

argon-37 + électron → chlore-37 + neutrino.

On reconnaît la réaction inverse de la précédente. Les bulles d'hélium chargées d'argon radioactif sont analysées au moyen d'un détecteur approprié qui dépiste les désintégrations. En comptant les désintégrations radioactives, on remonte au nombre de noyaux d'argon-37 produits et donc au flux de neutrinos incidents.

Coup de tonnerre dans un ciel serein : les expériences, effectuées en Amérique ces dernières années, ont semé la consternation. Le flux de neutrinos mesuré est près de trois fois inférieur au flux attendu. Y a-t-il quelque chose de pourri au royaume de l'astrophysique, ou le neutrino n'est-il pas la sage particule que nous pensons ? L'énigme est d'importance. Si bien qu'un consortium de laboratoires européens s'est constitué pour vérifier les résultats américains. L'espoir des physiciens, et notamment ceux de Saclay, partie prenante dans l'aventure, réside maintenant dans un détecteur à base de gallium, plus sensible que le précédent, et qui devrait être opérationnel dans les années qui viennent, si tout se passe bien. Les expérimentateurs, pour en avoir le cœur net, visent à compter les neutrinos de faible énergie qui accompagnent la synthèse du deutérium ($p + p \rightarrow D + e^{+} + \nu$), étape cruciale du processus de formation de l'hélium. Ces neutrinos, de loin les plus nombreux, échappent actuellement à la détection, et ne sont comptés que ceux qui émanent de réactions secondaires, rares et complexes. Ils portent les espoirs tout à la fois des physiciens des particules et des astrophysiciens : si le flux mesuré est tel que prévu, les derniers pourront s'en retourner avec la satisfaction d'avoir essentiellement compris pourquoi le Soleil brille. Si ce n'est pas le cas, la communauté des gens du ciel devra remettre en cause quelques-uns de ses poncifs ou croire sur parole les sociologues du microcosme qui ont plus d'un tour dans leur sac. Ne vont-ils pas jusqu'à suggérer que le neutrino a des mœurs équivoques ?

Solaires neutrinos : anges transsexuels ?

On dit neutrino comme on dit « bambino », avec la même petite pointe affectueuse. L'hypothèse du neutrino fut d'abord introduite comme une pure nécessité logique, propre à restaurer les lois bafouées, lois physiques s'entend. L'auteur de cet acte de foi qu'est la déclaration d'existence de particules invisibles et impalpables n'était autre que Wolfgang Pauli, l'un des maîtres de la physique quantique. Le neutrino, disais-je, fut appelé au secours de l'ordre physique. En effet, dans certains types de désintégrations radioactives où toujours se manifestait un électron, il avait été remarqué que quelque chose manquait. Les fragments observés étaient porteurs de moins d'énergie que le noyau initial. Le moment angulaire, pareillement, ne se retrouvait pas. Les sacro-saints principes de conservation étaient foulés aux pieds et les tables de la loi se fissuraient sous le regard des physiciens pâlissant.

Homme de principe, Pauli inventa un stratagène logique destiné à sauver la mise, une particule invisible, insaisissable et qui échappe à toute détection ! Imaginez l'émoi ! *l'indifférent, l'inoffensif, le subtil,* pour tout dire, faisaient irruption et prenaient droit de cité dans la Prusse physicienne.

Viol de la légalité ou ruse de la matière ? Le débat resta longtemps indécis. L'enjeu méritait bien que la physique lançât sur les traces inexistantes de l'angélique corpuscule quelques-uns de ses plus fins limiers. Ainsi fut fait, avec de surcroît la conviction que, si réalité il y avait, celle-ci ne réussirait pas à se dissimuler indéfiniment. Cet anonymat semblait de fort mauvais aloi. A-t-on jamais vu particule plus prompte à se dissimuler ? *Signe et tu existeras.* Ce nouveau pacte entre l'homme et la nature requérait en substance que toute entité logique fût doublée d'une contrepartie naturelle, physique. Mais la particule s'obstinait à ne point paraître.

Au bout de vingt ans, le neutrino se révélait enfin, tout près de la pile atomique de Savannah River. C'est bien là qu'il fallait le chercher : les piles atomiques sont, en effet, de véritables nids à neutrinos, à l'instar du Soleil lui-même dont le cœur est le siège de désintégrations radioactives consécutives à la fusion des protons. Ces transmutations sont destinées à stabiliser les produits de fusion.

Le neutrino obtenait un fauteuil à l'académie du microcosme et siégeait enfin parmi les particules éternelles. Il est de nos jours entouré d'autant de considération et reconnu aussi réel que l'électron lui-même, avec lequel, hormis la quasi-indétectabilité, il partage beaucoup d'attributs. La preuve est le privilège du riche et on ne peut pas dire que la science soit indigente. Mais cette fois-ci le placement allait se révéler on ne peut plus fructueux. L'opération s'avérait excellente : la science s'offrait le luxe de raffermir conjointement ses deux mamelles, théorie et expérience.

La nouvelle fut annoncée triomphalement : « Le neutrino existe », disait le télégramme. Ce à quoi Pauli répondit : « Je le sais. »

Aujourd'hui, nous soupçonnons que du cœur du Soleil s'envolent des nuées de neutrinos. Le cœur du Soleil est opaque, certes, sauf à la pensée théorique et aux neutrinos qui le transpercent. La vérité profonde est invisible car toute histoire autre que narrative est, semble-t-il, en quelque degré une histoire des profondeurs. L'histoire de l'étoile de même ne peut être saisie que de l'intérieur. Et l'astrophysicien se fait scaphandrier stellaire. L'histoire de l'étoile s'éclaire non en la prenant comme un état-objet mais comme un processus générateur/destructeur d'ordre. La dépendance entre genèse, structure et histoire est si étroite qu'il est vain de parler de l'une sans invoquer les autres aussitôt. Toute genèse physique s'accomplit par paliers dont chacun marque un état provisoire, caractérisé par une certaine structure. Alors, de la théorie sort un Soleil. Et ce Soleil théorique est transparent jusqu'en son cœur profond. Et son cœur brûle aujourd'hui jusqu'au lendemain cosmique qui le prendra dans le cristal du gel. Le Grand Soleil de chiffres possède l'éternité du chiffre. L'homme l'a déposé dans la machine à abolir le temps, l'ordinateur. Joue Soleil... et le temps s'accélère. Je vois le Soleil naissant, son cœur se gonfle et se dégonfle, je vois le Soleil glorieux, je vois le Soleil se faner... et ceci dans toutes les couches de son être.

Entre l'envol et la chute, tiré-poussé par la gravitation et la pression de la matière chaude, chacun de ses points est en équilibre. L'étoile tout entière cabrée et suspendue dans cet affrontement dissimule sous sa peau lumineuse sa véritable nature de réacteur thermonucléaire à confinement gravitationnel. Elle porte l'enfer au cœur mais sa face est sereine. La lumière mortelle des profondeurs engendrée par la fusion nucléaire s'adoucit progressivement en filtrant doucement vers la surface qu'elle atteint plusieurs millions d'années après son apparition au cœur. En filtrant, elle s'adoucit pour émerger sous forme de lumière aveuglante ou caressante à l'œil lorsqu'elle est diffusée par l'air.

Les neutrinos, quant à eux, crèvent la surface au bout de deux secondes de vol en ligne droite, et les voilà sur Terre huit minutes après (*Figure 15*).

Du cœur du Soleil-modèle, du Soleil de chiffres, s'envole une nuée d'anges chassés du paradis torride par l'instabilité de noyaux d'atomes fraîchement forgés et cherchant leur forme définitive. Chaque seconde, 60 milliards de neutrinos traversent le moindre centimètre carré de votre peau. Vous ne sentez rien, eux non plus.

Le théoricien tâche de les barbouiller de couleur du mieux qu'il le peut, mais voilà le malheur : l'expérimentateur, quant à lui, en détecte trois fois moins que prévu. En effet le grand détecteur de neutrinos, dont il n'existe qu'un seul exemplaire dans le monde, inhumé dans une mine d'or aux USA, s'entête dans la négation : le Soleil théorique n'est pas le Soleil réel (*Figure 16*).

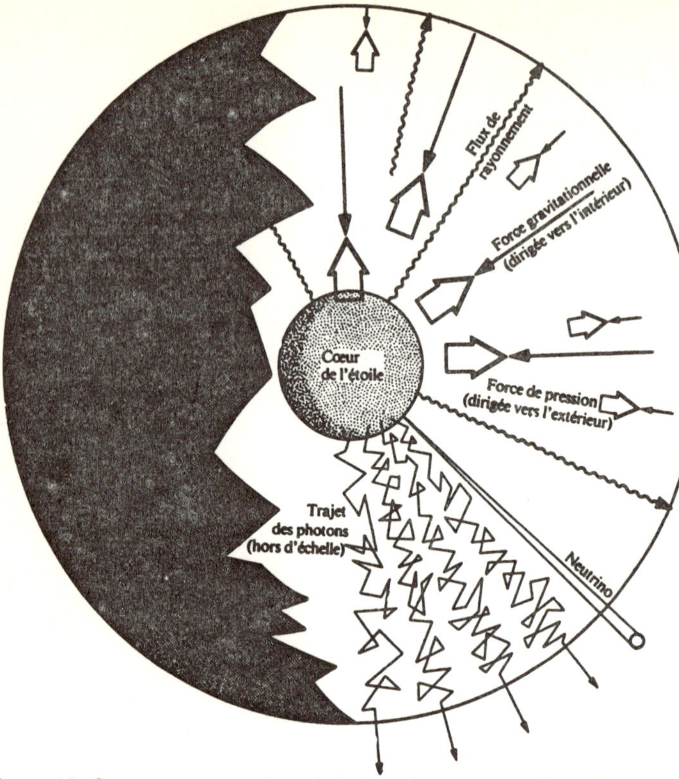

Figure 15. *Structure interne du Soleil: Les photons-particules de lumière suivent un trajet tortueux pour s'évader du cœur de l'étoile où ils sont engendrés. Les neutrinos, pour leur part, traversent l'étoile comme si elle n'existait pas.*

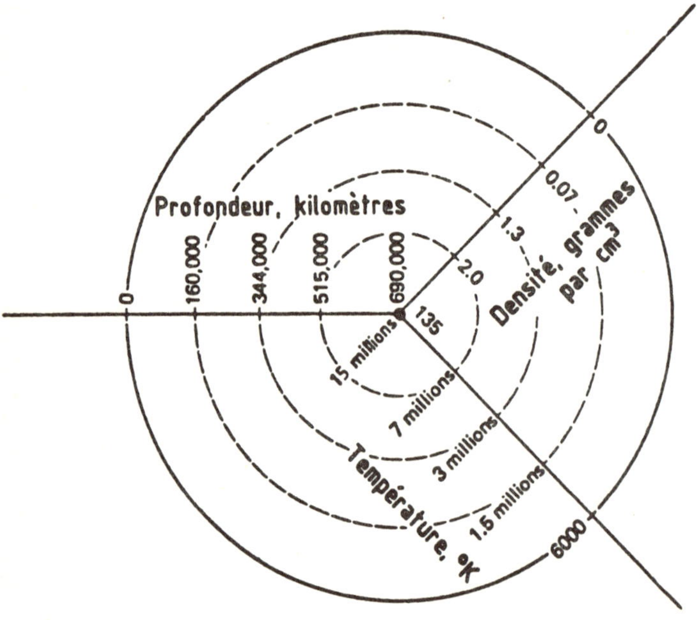

Figure 16. *Température et densité à différentes profondeurs du Soleil.*

Malaise dans la civilisation astrophysique.

Faut-il jeter aux orties le Soleil glorieux recomposé à coups d'équations, le Grand Soleil numérique qui dort dans les ordinateurs, prototype de toute étoile pensée ?

D'aucuns font peser le soupçon sur l'ange même. Et l'ange, selon leurs dires, serait transsexuel. Le neutrino — toujours au conditionnel — oscillerait entre trois formes d'existence, et cette trinité démoniaque lui permettrait deux fois sur trois d'échapper au piège que lui tend le Terrien, qui, bien sûr, l'attend sous une forme bien définie. A ceux qui prétendent qu'il y a quelque chose de pourri au royaume de l'astrophysique, nous ne saurions mieux conseiller que de retourner à l'apparente modestie de l'infiniment petit. Ainsi va la science ; lorsqu'elle se vante il est toujours un fait, une expérience pour la rabaisser, lorsqu'elle se rabaisse, une nouvelle idée vient aussitôt la rehausser.

Digression cosmologique

Au début Einstein créa l'espace-temps, et l'espace-temps était vide et plat. Il y mit la matière et la gravitation. Et l'espace-temps se courba et lui fit sa révérence.

« *Space tells mass how to move, and mass tells space how to curve*[1] », telle est l'idée centrale de la Relativité Générale (*Figure 17*). Cette conception nouvelle des rapports de l'espace-temps et de la matière-lumière allait permettre l'éclosion d'une construction concevable (théorie) de l'Univers. De fait, la cosmologie moderne est une cosmologie physique.

1. « L'espace dicte à la matière le mouvement et la masse dicte à l'espace sa courbure. »

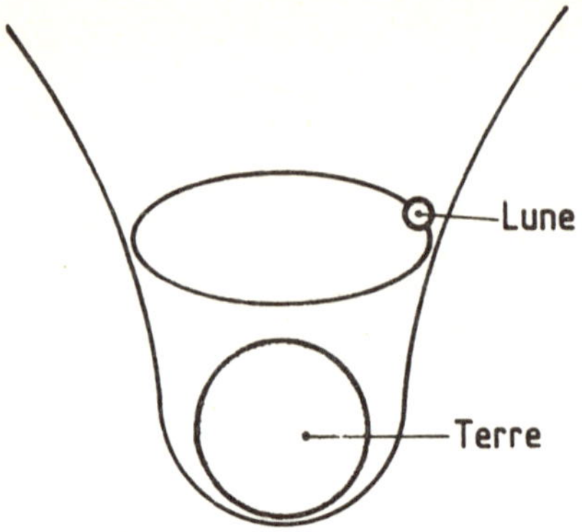

Figure 17. *La Terre courbe l'espace autour d'elle et la Lune avance droit dans l'espace courbe : elle décrit un cercle autour de la Terre.*

L'hypothèse que, moyenné sur un vaste volume (10^{72} cm^3 au moins), l'Univers est identique à lui-même dans toutes les directions et en tout point (« homogène et isotrope ») simplifie considérablement les équations d'Einstein qui décrivent l'évolution de l'Univers. La plus parlante dit :

$$\mathring{R}^2 = \frac{8}{3}\pi G \rho R^2 + k$$

Arrêtons-nous un instant sur chacun des termes de l'équation fondamentale de la cosmologie. R est le facteur d'échelle. Ce terme désigne une distance étalon, une échelle de distance si l'on préfère, extensible au fil de l'expansion, et au besoin rétractile. $\mathring{R}$ est sa dérivée par rapport au temps, G figure la constante universelle de la gravitation, qu'on trouve dans tous les livres, et ρ la densité d'énergie, c'est-à-dire la quantité d'énergie, toutes formes confondues, contenue dans un cm^3 d'Univers. Gardons k pour la bonne bouche.

Cette équation exprime que l'Univers est une entité dynamique, c'est-à-dire en mouvement, en extension ou en contraction, mais nullement au repos. L'observation nous confirme que l'Univers est bien en expansion. Le k qui apparaît dans l'équation prend les valeurs + 1, 0 ou — 1 selon que la densité ρ est supérieure, identique ou inférieure à une certaine valeur critique ρ_C, de l'ordre de 2 10^{-29} gramme par centimètre cube, appelée densité de fermeture. Les trois cas correspondent respectivement à un Univers ouvert, critique ou fermé. La question de savoir si l'Univers contient un nombre fini ou infini d'objets est l'une des plus lancinantes qui demeure. Il s'agit bien de l'une des questions les plus fondamentales concernant la totalité des choses et qui de ce fait ne peut être résolue par l'observation naïve car le nombre d'objets observables est nécessairement fini.

Mais il est théoriquement possible de décider si l'Univers est infini (ouvert), auquel cas son expansion se poursuivrait indéfiniment, ou fini (fermé). Il s'agit de déterminer qui l'emportera, de l'expansion lancée par l'explosion inaugurale de la cosmologie, trivialement appelée Big-Bang, ou de l'autogravitation, de l'envol ou de la chute. Il convient dans ce but d'isoler par la pensée une cellule d'espace d'envergure cosmique, disons de 100 millions d'années-lumière de côté et d'en estimer le contenu pesant, énergétique, car l'énergie pèse ($E = mc^2$), toutes formes confondues, matière visible et invisible + lumière + neutrinos + trous noirs +... + ?

L'inventaire du contenu macroscopique de l'Univers étant inachevé, la question reste pour l'instant en suspens.

Mais on peut d'ores et déjà s'étonner de l'ambiguïté de l'Univers car il n'est ni franchement fermé, ni franchement ouvert, si bien qu'on hésite encore sur son destin, d'autant que des ectoplasmes rôdent, comme les neutrinos, et leurs vagues cousins, « inos » de naissance.

Ouvert ou fermé ? La question reste bel et bien ouverte. La réponse dépend entre autres de la masse de la créature séraphique appelée *neutrino* en hommage à sa bienveillante neutralité physique. Qu'on en juge par sa carte d'identité : masse infime sinon nulle, charge baryonique nulle, charge électrique nulle, ses seuls attributs non nuls sont, en toute certitude, le nombre leptonique qui vaut 1 et le spin, 1/2.

Selon les augures cosmologiques, une nuée de neutrinos, horde subtile, aurait été jetée dans l'existence par l'explosion inaugurale, l'explosion « créatrice[1] ».

Cette nuée invisible et indifférente sortie du fond des temps nous environne et nous transperce à chaque instant. Chaque neutrino, pris individuellement, ne pèse rien ou presque, mais ils sont si nombreux (plusieurs centaines par cm^3) que ce presque est une source majeure d'incertitude sur le destin de l'Univers. On croit les neutrinos si foisonnants qu'il suffirait que chacun porte une masse infime, de l'ordre de vingt ou trente milliardièmes de la masse du proton, pour que ces fantômes de particules dominent collectivement, au plan de l'énergie, toute matière structurée et visible ! Orgueilleuse matière, te voilà contestée par plus léger et plus libre que toi, et surtout plus mobile.

Le débat sur la masse du neutrino semble ressusciter la vieille querelle sur le sexe des anges. La mesure de la masse du neutrino est considérée à juste titre comme l'une des tâches les plus urgentes de la physique et de la cosmologie. Les meilleurs laboratoires sont partout en alerte. Car, si l'explosion originelle a bien lancé l'expansion de l'Univers, il n'est pas exclu que les neutrinos et autres anges lui offrent le voyage de retour. Retour vers la singularité et les flammes qui accréditeraient le mythe du phénix, ou de l'Éternel Retour.

---

1. Il faut voir dans cette expression métaphorique une embellie de « Big Bang », dont je récuse l'onomatopée, plutôt qu'une prise de position dans la querelle des origines. Voici la raison de mon refus : l'espace-temps, autrement dit l'Univers, lorsqu'il émerge de la « singularité originelle », celle-là même dont la théorie actuelle ne peut définitivement garantir l'existence, ne peut en toute logique faire détoner un substrat préexistant, puisque par définition l'Univers enveloppe la totalité de l'espace. Le Big Bang tend à se transformer en une sorte de vulgate doctrinale. Il convient de prendre une distance méthodique vis-à-vis des hypothèses et des mots car les systèmes inventés par les hommes sont faux, inoffensifs ou simplement réconfortants. Au terme Big Bang je préfère celui « d'explosion créatrice », si on entend création au sens d'invention verbale ou encore « explosion inaugurale » (du discours cosmologique).

La nuée des neutrinos et toute la matière qu'ils enveloppent contrarient de concert l'expansion en opposant à la dispersion explosive la force de rappel de la gravitation, attrait de la matière pour la matière, mais aussi pour la lumière et les neutrinos.

Il n'y a dans l'Univers pas assez de masse visible pour celui qui ne désire que de le savoir fermé. Mais l'astrophile coureur de ciel dispose sur sa palette les couleurs invisibles dont il se servira pour alourdir le ciel dans le secret espoir de le faire régresser vers le tourment de son enfance. Neutrinos, plumes d'ange ! L'Univers ainsi fermé, suffisant, saturé de lui-même, s'apprête peut-être à revenir, d'ici quelques dizaines de milliards d'années, à l'effusion de son essor lumineux. Nostalgie de la lumière ?

La distinction de la lumière et de la nuit appartient encore à l'apparence. Point de nuit pour les neutrinos.

Ainsi la cosmologie en vient-elle à suggérer que le destin de l'Univers entier appartient au petit, au subtil, au libre neutrino, à la quintessence du neutre enfin, à moins que ce ne soit à l'un ou l'autre de ses lointains cousins, tout aussi « immatériels » que lui, et qui n'existent pour l'instant qu'à titre de nécessités logiques, tout comme les neutrinos originels, au creux de nouvelles théories dites supersymétriques[1]. Ces prétendants à l'existence ont été baptisés « photino », « gravitino » et autres « inos » en hommage à leur fameux ancêtre. Une nuée toute poétique de particules vagabondes et indifférentes influerait-elle davantage sur le grand avenir que toute matière lourde, structurée et luisante, qui déjà tant nous pèse ? Mais ceci n'est encore qu'une hypothèse. La question subsiste et subsistera longtemps : le contenu manifeste de l'Univers serait-il inférieur à son contenu latent ?

1. Voir l'exposé de Pierre Fayet dans *Chaos et Cosmos*, Ed. Le Mail, 1986.

Levée d'astres dans le ciel de la connaissance

Lasse d'arpenter l'incommensurable, de mesurer l'éloignement de l'homme et de l'étoile, l'astrophysique aujourd'hui tend au contraire à l'en rapprocher. Lasse de clamer la séquestration de l'homme dans un Univers inhumain, elle redevient maternelle, creusant et irriguant les mythes originels de création, et de métamorphose. Réécrira-t-elle la genèse ? asséchera-t-elle le territoire du Dieu chrétien ? L'astrophysique conquérante a déjà envahi les grandes plaines théologiques, mais elle ne livre pas bataille. Son destin est ailleurs :

La matière pensante se penche sur son passé de matière stellaire. Les explorateurs du réel ont appris à décrypter le langage subtil de la lumière et l'esprit s'infiltre toujours plus avant dans la jeunesse turbulente de l'Univers, jusqu'aux jours orageux de son enfance. Que nous retrouvions intactes dans notre propre chair, notre propre cœur, et dans notre sang même, les reliques de l'explosion inaugurale de la cosmologie (hydrogène et hélium) et la cendre des étoiles défuntes (carbone, azote, oxygène... fer... uranium), tel est notre credo.

Le chemin qui conduit de la multitude de particules anonymes et abstraites engendrées par l'explosion pseudo-originelle — je ne peux réprimer mes réticences pour le terme « origine » — à l'herbe des prés, à la pluie et au vent, à la variété infinie des formes et des états, à la profusion des sentiments passe nécessairement par l'étoile. L'étoile industrieuse assume dans l'économie générale de l'Univers la fonction d'artisan consciencieux.

Les étoiles ont toujours été chères au cœur des enfants et des poètes, mais ils ne savaient pas très bien pourquoi. L'astrophysicien aujourd'hui est peut-être en mesure de donner une explication à cette admiration, j'espère du moins vous en persuader.

Petit panorama galactique

Naissance tranquille et triomphale des étoiles

Les étoiles diffèrent en gloire et en brillance, et se différencient dans l'ordre des couleurs (*Figure 18*) mais elles naissent toutes des nuages, grands nuages interstellaires qui tamisent leur lumière, nuages pailletés et glacés. Les étoiles viennent du froid nuageux. La poussière interstellaire attendrit leur lumière. A peine nées, encore lovées dans leur placenta nuageux, elles sont couvées par la poussière du ciel, la nuée les couvre de son ombre. Puis les étoiles nouvelles déchirent le voile nuageux, et sortent en pleine nuit, découvrant leur splendeur rayonnante.

*

Nuages

Le milieu interstellaire de notre Galaxie recèle de la matière sous une variété d'états, depuis le plasma chaud jusqu'au nuage froid et pailleté. La phase moléculaire donne substance aux nuages géants qui au terme d'une lente maturation accoucheront de lignées entières d'étoiles. Ce sont les plus grands des systèmes gravitationnellement liés de la Galaxie. Ces structures gigantesques constituent les réservoirs de matière qui alimentent la formation permanente d'étoiles. Ce sont les véritables régulateurs de l'évolution des disques galactiques.

*

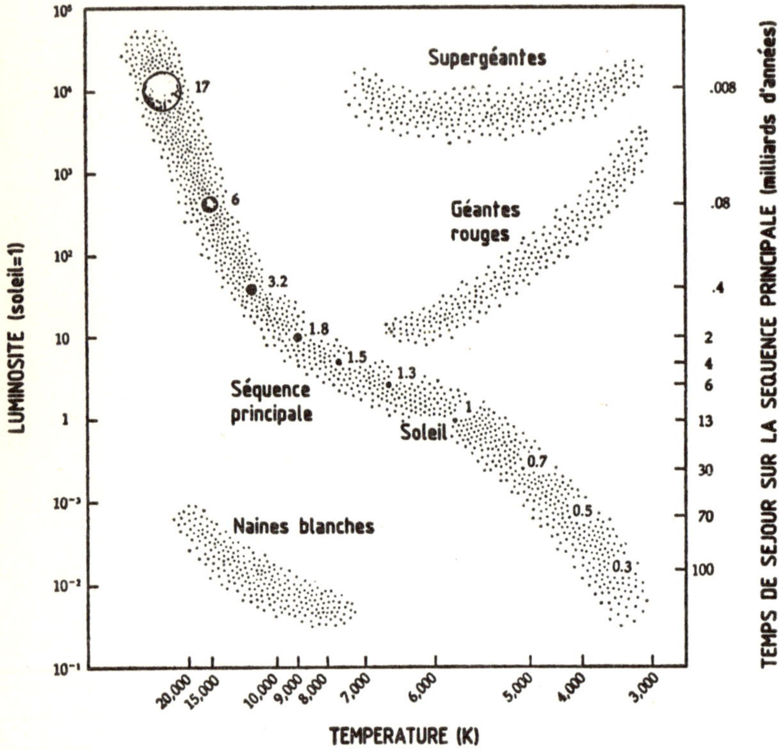

Figure 18. *Diagramme de Hertzprung-Russel.*
Prenons une poignée d'étoiles dans le ciel, et disposons-les à la même distance, plaçons-les selon leur couleur (température) et leur luminosité. Elles se répartissent harmonieusement dans le plan température-luminosité, que les professionnels appellent diagramme de Hertzprung-Russell (HR). *Conservons uniquement celles qui se situent sur la bande diagonale apppelée* Séquence Principale. *Ce sont justement celles qui brûlent l'hydrogène en leur centre. Le Soleil est de celles-ci. Les autres sont ou bien des géantes et supergéantes rouges, elles brûlent alors l'hélium en leur cœur, ou bien des naines blanches, qui ont cessé de brûler. Les temps de séjour sur la Séquence Principale sont figurés sur l'échelle de droite. La masse et le rayon des étoiles croissent le long de la Séquence Principale de haut en bas.*

Neutrinos, plumes d'ange

Les étoiles nous ont laissé des énigmes splendides, qui s'imposent à notre admiration, comme celle des particules angéliques qui s'envolent du cœur du Soleil. Chacun y devine quelque chose mais nul ne sait discerner au juste ce dont il s'agit. Sans les neutrinos nous marcherions en aveugle derrière l'imagination du Soleil. Neutrinos, êtres irréfutables, quand bien même énigmatiques.

*

Ce carré est traversé à cette seconde par 60 milliards de neutrinos partis du centre du Soleil 8 minutes et 2 secondes auparavant.

Galaxies

Ces figures multiformes que nous nommons galaxies ne sont que peuplades d'étoiles (*Figures 19 et 20*), et les étoiles elles-mêmes sociétés de particules, comme nous le sommes aussi. Les atomes des étoiles parlent aux atomes de nos yeux, alors nous voyons les étoiles, tout comme si l'Univers formait les individus étoilés dont il a besoin pour être perçu.

*

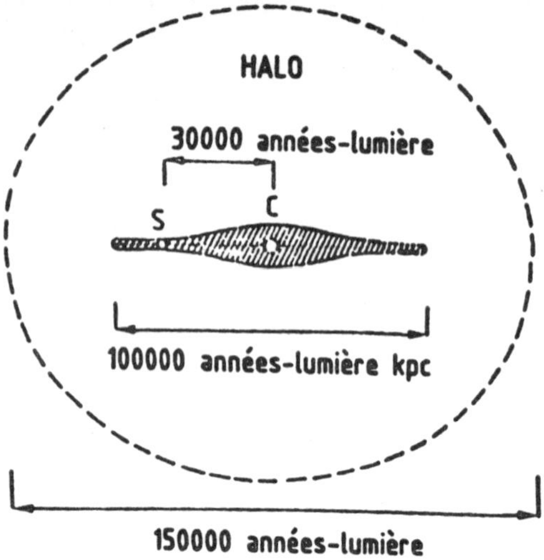

Figure 19. *Représentation schématique de notre Galaxie vue sur la tranche : S figure le Soleil et C le centre de la Galaxie. Notre Galaxie est une structure lenticulaire immergée dans un essaim quasi sphérique d'amas stellaires.*

Figure 20. *L'Univers du* XIX*e siècle : en faisant pivoter de 90° ce bonhomme-sapin de Noël, on voit apparaître l'« Univers » tel que l'avaient reconstitué les astronomes du siècle précédent en repérant le Système Solaire par rapport aux étoiles visibles. Ce n'est qu'au début du siècle que l'on s'aperçut que le Soleil n'occupait pas le centre du disque galactique et que la Galaxie n'était qu'un flocon d'Univers.*

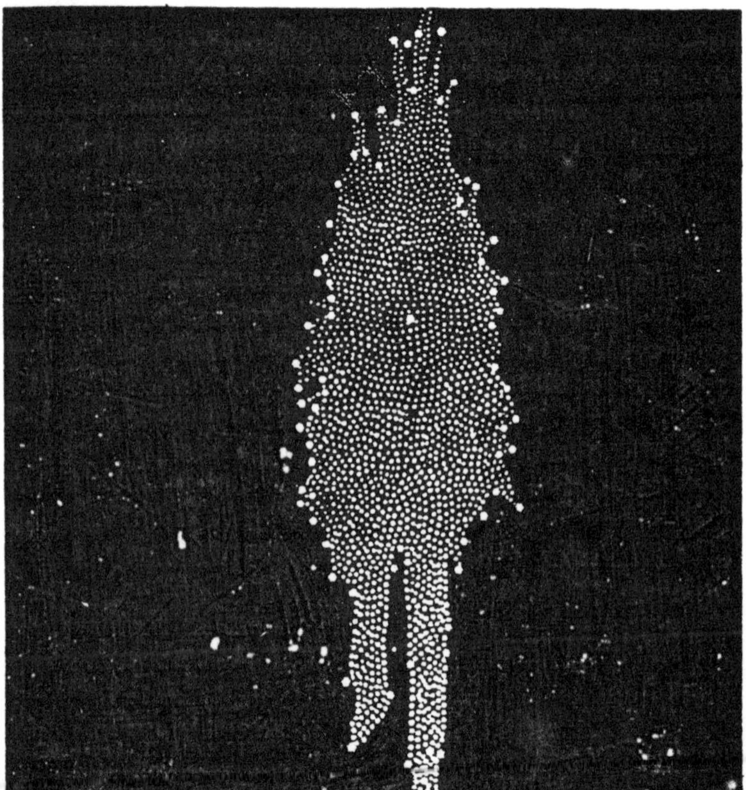

Astronomie de l'invisible

Sous la brume des petits matins, les radiotélescopes ressemblent aux moulins à vent qui fleurissaient autrefois dans nos campagnes. Ils n'arborent pas à leur sommet des ailes recouvertes de toile, mais plutôt des antennes d'acier servant à capter une forme invisible de lumière très douce, si douce qu'on croirait l'entendre. Les objets célestes ne se contentent pas de baigner la Terre de couleur, ils envoient des signaux par l'intermédiaire d'ondes radio. Ces ondes traversent les nuages et les observations de ce fait se poursuivent nuit et jour sans discontinuer. Les satellites pareillement ne ferment jamais l'œil, révélant un ciel nouveau. Et le bestiaire cosmique s'enrichit de jour en jour. L'astronomie est en révolution.

Il y a environ un demi-siècle, tout ce qui était connu du ciel provenait de ce que l'on avait vu ou photographié. Puis vint Karl Jansky. Ce jeune ingénieur radioélectricien, employé aux laboratoires Bell, allait sans le vouloir creuser une brèche dans la muraille de l'atmosphère et déclencher de ce fait la révolution astronomique qui se faisait attendre depuis l'invention de la plaque photographique. Une nouvelle fenêtre de perception s'ouvrait sur l'Univers. Il construisit une antenne pour étudier la nature du bruit qui interférait avec les transmissions de Télégraphie Sans Fil. Un indice inattendu se présenta, un bruit faible mais persistant, si faible que d'autres l'eussent ignoré. Ce bruit provenait de la constellation du Sagittaire. Il fut bientôt prouvé qu'il ne s'agissait pas d'un bruit, mais bel et bien d'un *signal* qui provenait du Centre de notre Galaxie, éloigné au bas mot de 30 000 années-lumière. Ainsi s'ouvrait l'ère de l'astronomie de l'invisible. Bientôt les techniques de détection ouvrirent la perception dans bien d'autres registres. Aucune gamme ne fut laissée pour compte, depuis les ondes radio (les plus étirées), jusqu'aux rayons X et gamma (les plus énergétiques).

La quête exigeante de précision et de sensibilité, héritée de la physique et de sa tradition de rigueur, allait inspirer aux astronomes de l'invisible des projets merveilleusement imaginatifs. L'astronomie s'est dotée ces dernières décennies de télescopes spatialisés qui permettent de s'affranchir de l'effet d'écran de l'atmosphère qui, en absorbant les radiations dangereuses (UV, X, et gamma), censure leur message cosmique (*Figure 21*). La conception de ces télescopes provient en ligne directe de l'expérience accumulée en physique moléculaire (radio, infrarouge), atomique (rayons UV et X), physique nucléaire et physique des particules (rayons gamma et rayons cosmiques), en particulier auprès des grands accélérateurs. « Le ciel intelligible vire vers une autre couleur » (Merleau-Ponty).

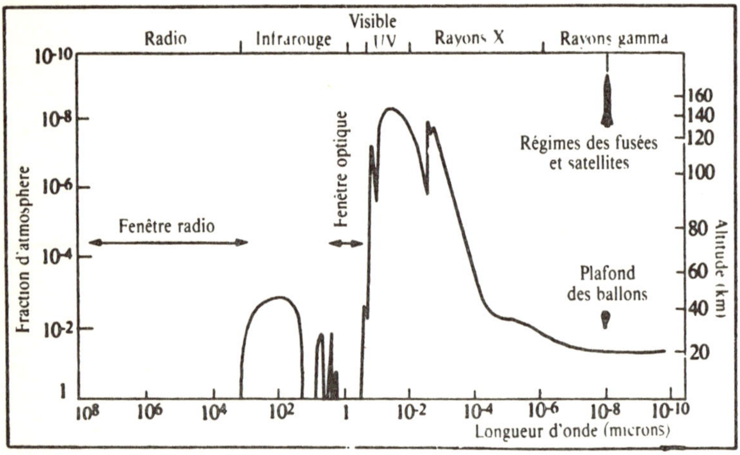

Figure 21. *L'atmosphère est opaque à la plus grande partie du spectre électromagnétique. Les rayonnements extraterrestres pénètrent approximativement à la profondeur indiquée, atteignant le sol seulement par les « fenêtres » visibles, radio et proche infrarouge. L'étude des autres types de rayonnement nécessite des moyens spatiaux (ballons stratosphériques, fusées et satellites). L'œil, modelé par le Soleil, ne perçoit que les longueurs d'onde comprises entre 0,4 et 0,8 microns. De part et d'autre de cette bande étroite l'œil est aidé par des instruments appropriés qui détectent les photons puis les classent selon un code graphique ou numérique intelligible. Les autres messagers cosmiques (rayons cosmiques, neutrinos, ondes gravitationnelles) n'apparaissent pas sur le diagramme. Les noyaux d'atomes qui sillonnent l'espace se brisent sur l'atmosphère, quant aux neutrinos et aux ondes gravitationnelles, ils sont complètement indifférents à la couche d'air qui nous enveloppe.*

Les découvertes les plus importantes résultent souvent très directement d'innovations techniques substantielles. Je ne parle pas des percées purement théoriques, déconnectées de l'expérimentation, tant il est délicat de distinguer leur source d'inspiration.

La lunette de Galilée (grossissement 20) lui permit de distinguer clairement quatre minuscules taches de lumière dont il suivit le mouvement jusqu'à ce qu'il fût certain qu'il observait des lunes individuelles orbitant autour de Jupiter. Il vit apparaître les montagnes de notre propre Lune avec suffisamment de netteté pour affirmer qu'elle devait être pétrie de la même susbtance que la Terre, faisant prévaloir contre Aristote, qui régnait en maître sur les esprits depuis l'Antiquité, *la matérialité des corps célestes*, rayant d'un seul trait de plume la distinction entre mondes supralunaires et sublunaires. L'astrophysique était née, qui proclame l'identité de nature entre tous les objets de la Terre et du Ciel et de ce fait les déclare *connaissables.*

Tycho Brahé, il y a quatre siècles, lançait la mode des observations astronomiques précises. Quelques siècles plus tard, une poignée de pionniers construisent des télescopes sensibles à des rayonnements d'extrême douceur (infrarouge) ou d'extrême violence (X et gamma), sachant l'extrême révélateur, qui de manière similaire ouvriront la perception à un ciel entièrement neuf, peuplé d'étoiles-X et de galaxies infrarouge et gamma. De nos jours, les phénomènes d'envergure cosmique sont fréquemment découverts par des physiciens et ingénieurs originellement formés à d'autres disciplines que l'astronomie classique. Élevé au sérail, au Service d'Astrophysique de Saclay (anciennement Section d'Astrophysique), je peux en attester.

Guerre et Ciel : Il n'est pas indifférent que ces découvertes de premier plan aient très souvent fait intervenir des équipements dont la destination initiale était tout autre. L'exemple le plus flagrant est la découverte d'éclairs de rayonnement gamma dans l'espace, appelés

« sursauts gamma » ou gamma ray bursts, par le satellite espion américain Vela, destiné à repérer les explosions nucléaires secrètes.

Autre exemple, et non des moindres : les équipements radar qui furent développés au cours de l'effort de guerre rendirent également possible le développement rapide de la radioastronomie. On pourrait ainsi multiplier les exemples. La percée majeure de l'astronomie infrarouge a de la même manière bénéficié de la recherche militaire. L'innocence rêveuse n'est pas de mise dans les cénacles astrophysiques.

Est-ce le prix à payer pour que l'humanité se sente soudain capable de percer l'épaisseur des nuages qui l'environnait ? Pour surprendre le ciel en flagrant délit de création/destruction, de métamorphose et de gestation ?

Nous voyons des soleils en transe, des catégories entières d'objets nouveaux, étranges et capricieux, apparaître/disparaître et nous ne pouvons que ressentir l'instabilité foncière du Cosmos, et par conséquent de nous-mêmes. L'aventure, c'est de vivre sur un tapis volant.

« Il faut encore porter le chaos en soi pour donner naissance à une étoile dansante » (Nietzsche, *Ainsi parlait Zarathoustra*).

Là où semblait régner l'ordre et le silence de la mort mécanique d'un Univers d'horloger apparaît l'exubérance vitale.

Levée d'astres dans le ciel de la connaissance : nous ne vivons plus en aveugles parmi les réalités sublimes du ciel.

Certains voient des choses dans le ciel. Nous, physiciens astraux, voyons du ciel dans les choses. Nous sommes faits de plusieurs vies d'étoiles comme le musicien est fait de plusieurs vies de musique.

L'Univers est masqué comme le moi le plus intime. Mais, quand il se met à parler, toute lumière devient parole. L'étoile prise en otage par un cadavre stellaire qui l'entraîne dans un tango tourbillonnant hurle des rayons X. Le Big Bang vocifère vers nous, mais son cri nous parvient assourdi, adouci, presque éteint... Lumière qui tressaille à trois degrés Kelvin. Et le ciel s'embaume de rouge invisible.

Étoile généralisée, étoile calculée

L'œil, sans le secours du télescope, distingue, dans des conditions optimales de visibilité, trois mille étoiles. Mais ce n'est que l'infime avant-garde des armées du ciel. Ce qui vient derrière se compte en milliards de milliards. Il semble donc vain de vouloir décrire les astres un par un. Comment aborder dans ce cas l'idée d'étoile dans sa plus grande généralité ?

Que l'on dispose ou non d'une théorie générale de la réalité (et nous en sommes encore loin), il n'en reste pas moins vrai qu'on ne peut parler d'un type particulier d'objet — le Soleil, l'étoile, l'Univers — sans s'être donné, au préalable, un *modèle* de cet objet. C'est-à-dire une idée simple, une représentation idéalisée de la chose réelle, ou prétendue telle. Ainsi le Soleil peut-il en première analyse être représenté comme une sphère gazeuse et chaude, tel qu'on le pressent, tel qu'on le conçoit. Par la suite, ce modèle se formalise, s'éparpille en « phénomènes élémentaires » pour se réunifier en un faisceau d'équations. Mais un modèle digne de ce nom ne se contente pas d'expliquer ou de codifier. Ses ambitions vont plus loin. Le modèle forcé, extrapolé, poussé, jusqu'à sa tension de rupture, exprime ses « pensées cachées ». Celles-ci sont parfois très surprenantes. A quel niveau la théorie devient-elle créatrice ? L'émergence dans le monde des idées des modèles géométriques d'espace-temps, des trous noirs qui en sont la conséquence, des étoiles à neutrons — astres quantiques par excellence — est à mettre au compte de ces commotions théoriques découplées de l'observation.

Les étoiles à neutrons, par exemple, ont été théoriquement conçues quarante ans avant la découverte d'une propriété qui trahit leur présence : le rythme, la cadence pulsée de leur émission radio (pulsars). Mais il ne faudrait pas en conclure qu'il s'agit là d'une règle méthodologique. Nous manquons encore de théories convaincantes pour expliquer les quasars, objets extragalactiques découverts il y a vingt ans. Au grand dépit des théoriciens, il faut bien dire que l'expansion de l'Univers, peut-être la plus grande découverte du siècle, est à mettre au crédit d'un observateur, Edwin Hubble, alors que deux des plus géniaux théoriciens de tous les temps, Isaac Newton et Albert Einstein, avaient fait fausse route dans leurs travaux sur la même question. La science est une entreprise créative. Elle est de ce fait sujette à l'échec, aux préjugés et aux erreurs.

Mais revenons à notre étoile, ou plutôt à notre idée d'étoile. Comment les astronomes peuvent-ils savoir de quoi les étoiles sont faites ? La lumière se disperse à travers le prisme, se résout en fines raies comme le nuage en pluie (*Figure 22*). Il pleut des couleurs. La découverte merveilleuse de la *spectroscopie* allait permettre d'établir la correspondance entre raie spectrale — ren-

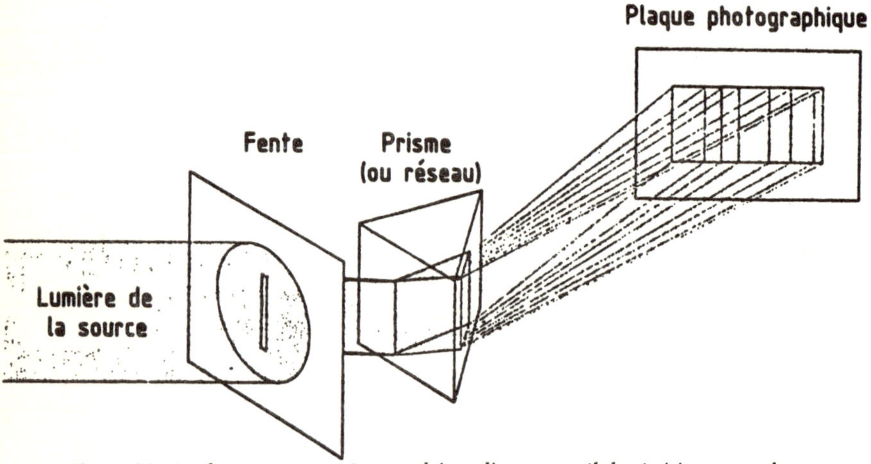

Figure 22. *Analyse spectroscopique ; schéma d'un appareil destiné à mesurer les spectres atomiques. La lumière à analyser est focalisée, dispersée et enregistrée.*

forcement ou affaiblissement de l'intensité lumineuse sur une plage très étroite de longueur d'onde — et l'identité chimique des éléments émetteurs ou absorbants, ainsi que leurs proportions relatives. Conséquence révolutionnaire : l'analyse spectrale permet d'examiner la composition chimique des gaz lumineux (émetteurs) ou sombres (absorbants). La méthode spectroscopique a été progressivement étendue à toutes les lumières, visibles ou invisibles. Que l'on tente d'observer les rayons X, gamma, ou les particules errantes du rayonnement cosmique, libres et rapides comme la lumière, la stratégie instrumentale est la même. Il convient, en premier lieu, de spécifier l'énergie, la résolution spatiale, la résolution temporelle et la sensibilité de la mesure puis, la mesure faite, de l'interpréter selon une grille codifiée de lecture. Il est évident que ce mode d'analyse s'applique au Soleil et aux étoiles, ou plus précisément à leur atmosphère. Dès lors, il est permis d'accéder à la constitution chimique de Phoebus aux crins dorés, des étoiles ses sœurs et des nébuleuses, leurs mères, et d'établir des comparaisons fructueuses entre différents objets astronomiques, afin de découdre la cape du ciel et de la recoudre rationnellement. L'analyse spectrale montre à l'évidence que les éléments présents dans les étoiles et les nébuleuses les plus lointaines sont uniquement ceux que nous connaissons sur la Terre. Constater l'unité de la matière dans l'Univers est une chose, l'expliquer en est une autre. C'est à cette dernière tâche que l'astrophysicien consacre sa raison.

Métamorphoses nucléaires

Toute l'information dont dispose l'astronome est portée par un mince faisceau de lumière provenant de l'espace lointain. Armé de patience, il traduit consciencieusement le message de la lumière en termes de composition chimique de l'objet émetteur. Mais ce n'est pas là l'unique source de connaissance de la composition de la matière extraterrestre. L'analyse de certaines météorites permet l'acquisition d'un luxe d'informations. Il faut citer en premier lieu celles que l'on range dans la classe des « chondrites carbonées ». Ces pierres de couleur sombre ont une composition très proche de celle du Soleil, à quelques éléments légers près qui se sont envolés. Leur analyse physico-chimique permet, outre la détermination précise de l'abondance des éléments simples, la décomposition de ces mêmes éléments en leurs *isotopes* constituants. Cette séparation s'effectue au moyen du spectrographe de masse, combinaison de champ électrique et magnétique qui dévie les noyaux d'atomes différemment selon le rapport charge/masse et qui de ce fait devient, au même titre que le télescope, un outil de l'astronomie. Ainsi chaque espèce nucléaire, chaque ingrédient du Système Solaire se voit attribuer un rang. Au prix de vastes efforts, une table complète de l'abondance des éléments a pu être composée (*Figure 23*).

Un certain nombre de constatations s'imposent à l'examen de cette table, véritable pierre de Rosette de l'astrophysique nucléaire. Mais son exégèse requiert, au minimum, que nous sachions distinguer entre eux les différents noyaux d'atomes.

A l'échelle du microcosme, la différenciation des espèces s'effectue en comptant des nombres purs. Un noyau d'atome est une structure serrée et fluide de protons — en nombre Z encore appelé nombre atomique — et de neutrons — en nombre N, telle que $Z + N = A$ (nombre de nucléons).

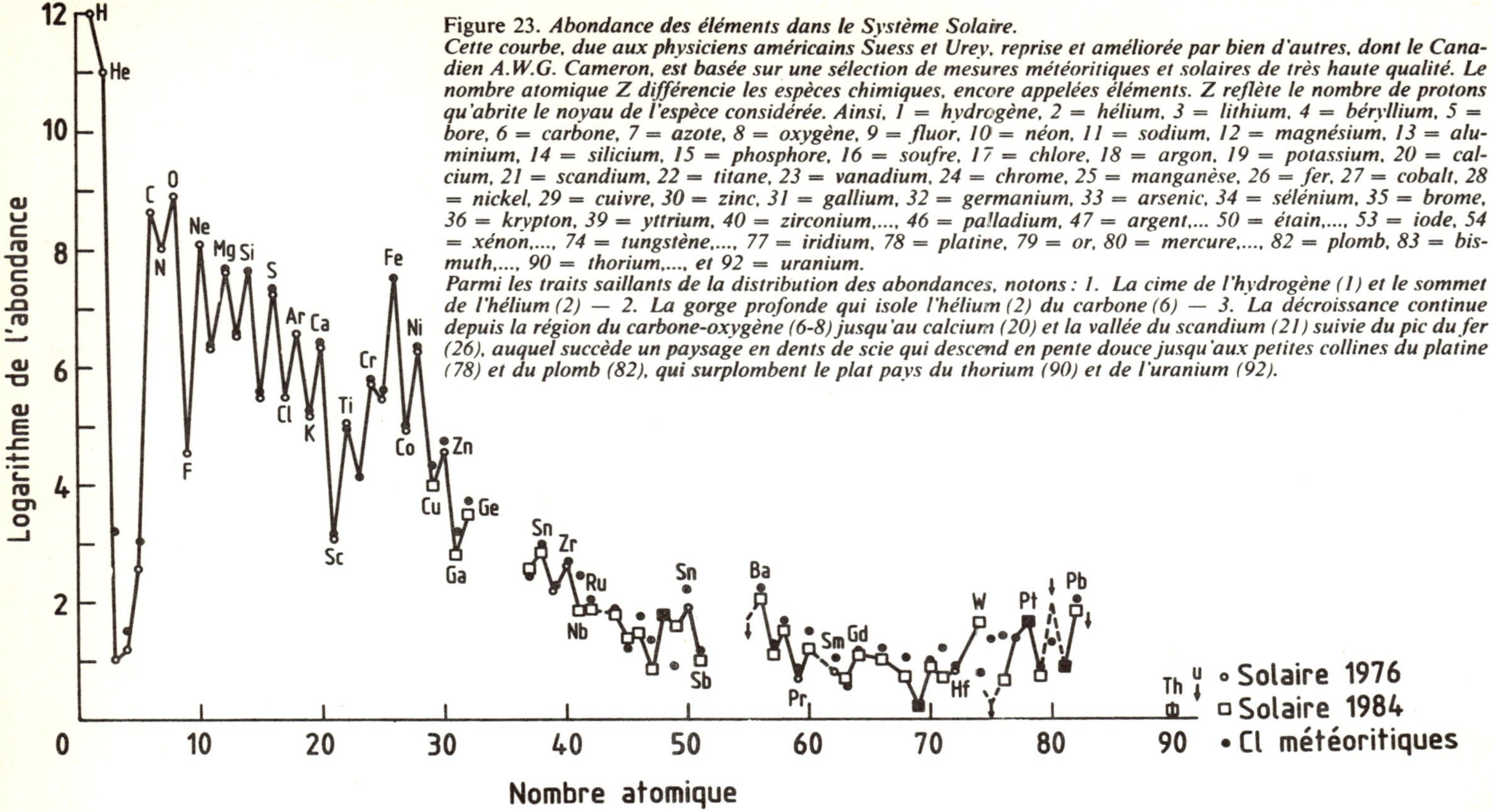

Figure 23. *Abondance des éléments dans le Système Solaire.*

Cette courbe, due aux physiciens américains Suess et Urey, reprise et améliorée par bien d'autres, dont le Canadien A.W.G. Cameron, est basée sur une sélection de mesures météoritiques et solaires de très haute qualité. Le nombre atomique Z différencie les espèces chimiques, encore appelées éléments. Z reflète le nombre de protons qu'abrite le noyau de l'espèce considérée. Ainsi, 1 = hydrogène, 2 = hélium, 3 = lithium, 4 = béryllium, 5 = bore, 6 = carbone, 7 = azote, 8 = oxygène, 9 = fluor, 10 = néon, 11 = sodium, 12 = magnésium, 13 = aluminium, 14 = silicium, 15 = phosphore, 16 = soufre, 17 = chlore, 18 = argon, 19 = potassium, 20 = calcium, 21 = scandium, 22 = titane, 23 = vanadium, 24 = chrome, 25 = manganèse, 26 = fer, 27 = cobalt, 28 = nickel, 29 = cuivre, 30 = zinc, 31 = gallium, 32 = germanium, 33 = arsenic, 34 = sélénium, 35 = brome, 36 = krypton, 39 = yttrium, 40 = zirconium,..., 46 = palladium, 47 = argent,... 50 = étain,..., 53 = iode, 54 = xénon,..., 74 = tungstène,..., 77 = iridium, 78 = platine, 79 = or, 80 = mercure,..., 82 = plomb, 83 = bismuth,..., 90 = thorium,..., et 92 = uranium.

Parmi les traits saillants de la distribution des abondances, notons : 1. La cime de l'hydrogène (1) et le sommet de l'hélium (2) — 2. La gorge profonde qui isole l'hélium (2) du carbone (6) — 3. La décroissance continue depuis la région du carbone-oxygène (6-8) jusqu'au calcium (20) et la vallée du scandium (21) suivie du pic du fer (26), auquel succède un paysage en dents de scie qui descend en pente douce jusqu'aux petites collines du platine (78) et du plomb (82), qui surplombent le plat pays du thorium (90) et de l'uranium (92).

Pair gagne, impair manque: Les espèces les plus répandues dans la nature, si nous laissons de côté le cas très spécial de l'hydrogène (Z = 1), sont celles qui disposent d'un noyau dont le nombre de protons Z et le nombre de neutrons N sont tous les deux pairs. Ce sont par ailleurs des noyaux remarquablement stables, comme en témoigne la difficulté de les briser. Ainsi l'une des espèces les plus foisonnantes de la nature est l'oxygène—16 (Z = 8, N = 8). Le fait, par ailleurs, qu'un pic se détache sur la courbe d'abondance, culminant au niveau du fer (Z = 26), ne fait que refléter la stabilité nucléaire très exceptionnelle de celui-ci (*Figure 24*). De manière générale, il apparaît que les noyaux dont l'un de ces deux nombres Z ou N, est impair sont beaucoup plus rares, mais bien moins encore que ceux qui sont affligés de deux nombres impairs.

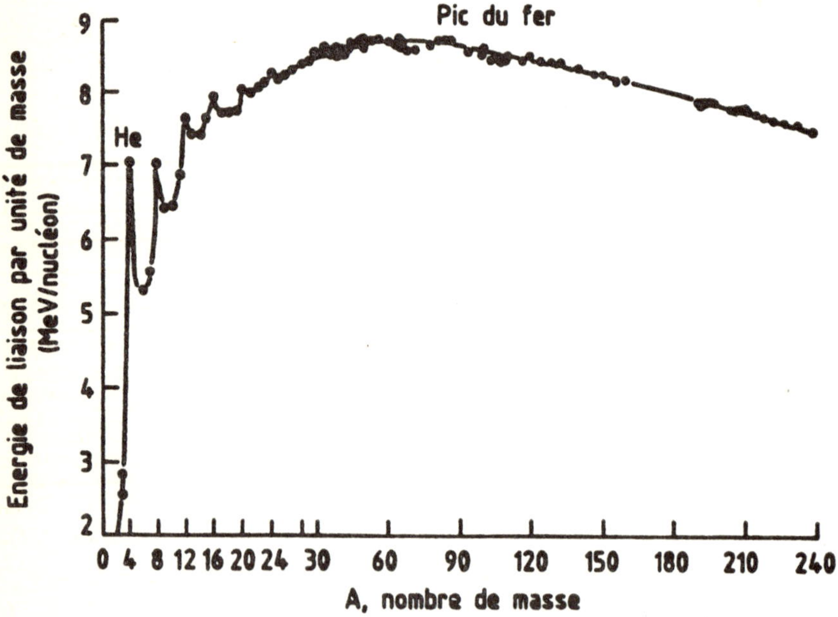

Figure 24. *Énergie de liaison par unité de masse des espèces nucléaires naturelles.*

Par la volonté de la nature, une discrimination s'est donc établie entre pair et impair. Elle peut être comprise comme suit : un noyau constitué de nucléons en nombre impair peut être représenté comme une communauté dont l'un des membres est esseulé. Ce nucléon célibataire, proton ou neutron, cherche en vain à établir une liaison, mais plus personne n'est disponible. Tous ses semblables sont assortis par paires. Frustrée, la particule sans attache ne peut que nuire à la stabilité sociale.

Nombres magiques et nombres maudits : Certains noyaux bénéficient d'un surcroît de stabilité vis-à-vis de leurs voisins. Ce sont tout spécialement ceux qui comportent un nombre « magique » de protons et de neutrons. Ce caractère « magique » s'explique par la notion de fermeture, de complétude de certaines structures nucléaires. Ces nombres d'or, toujours pairs en vertu de ce qui précède, sont 2, 4, 14, 20, 28, 50, 82 et 126. Les noyaux « magiques » sont généralement plus abondants que leurs voisins immédiats.

Étrangement, les noyaux comportant 5 et 8 nucléons sont incapables de subsister de manière durable. L'instabilité caractérielle de ces espèces est, comme nous le verrons, l'une des raisons qui ont poussé l'Univers à inventer l'étoile afin de progresser dans la complexité et la diversité nucléaires, base essentielle de l'édifice vital. On voit sur ces multiples exemples se vérifier l'idée que l'abondance naturelle des éléments et de leurs isotopes est le reflet de leur stabilité nucléaire (*Figures 24 et 25*). L'existence des atomes et la spécificité de leur noyau est désormais solidement établie. Il convient maintenant d'en rechercher les sources. Et ces sources sont dans le ciel. La physique se donne pour but de déterminer le mode et le site de production des espèces nucléaires connues, stables et moins stables. Au demeurant, les tenants de ce programme sont en passe d'accomplir une synthèse d'une incomparable grandeur, illuminant l'entreprise scientifique dans son

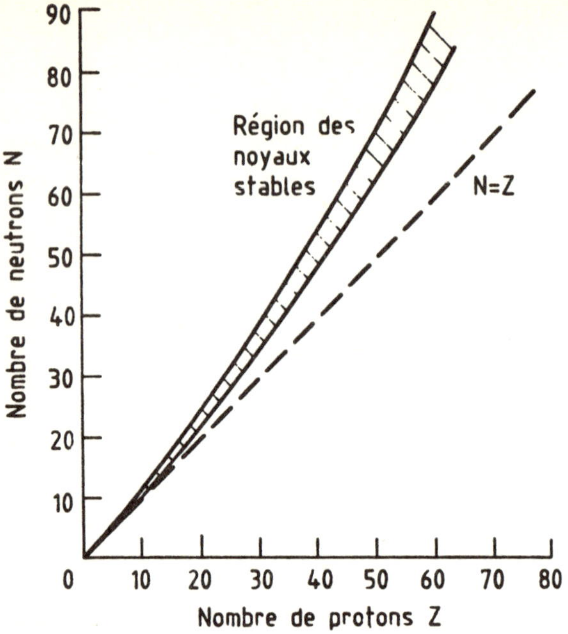

Figure 25. *Région de stabilité des noyaux atomiques : on voit qu'au-delà de Z = 10 (néon) un certain excès de neutrons stabilise les espèces nucléaires.*

ensemble. Il n'est pas indifférent que le prix Nobel 1983 ait été attribué à William Fowler, l'un des pères fondateurs de la discipline qui traite de la constitution de la matière et de ses manifestations énergétiques, l'astrophysique nucléaire. Les interrogations sur la « vérité » et la « complexité » du formalisme en viennent à s'effacer devant la beauté et la puissance de l'édifice conceptuel. La science se mesure en effet à l'aune de ses succès. Cela posé, rien n'empêche de méditer sur les contradictions qu'elle recèle encore. De manière générale — ceci mérite d'être répété —, un élément est d'autant plus répandu que son noyau est stable. Le fil rouge du roman de la matière est donc la recherche de la stabilité dans la diversité. Comment ne pas voir ici une nouvelle illustration du principe d'évolution ? L'idée s'impose, irrépressible, qu'au cours de la genèse nucléaire ce furent les plus robustes qui émergèrent et les mieux adaptés qui eurent la meilleure chance de survivre.

Généalogie de la matière

Outre l'idée d'évolution, l'exégèse de la courbe des abondances impose celle d'histoire et même de généalogie de la matière. La dimension temporelle apparaît à partir du moment où l'on remarque que l'œuvre de l'Univers reste essentiellement inachevée. Cela saute aux yeux dès le premier examen. L'hydrogène, en effet, à partir duquel se constituent les noyaux complexes, règne encore en maître sur le peuple des noyaux d'atomes, et probablement pour bien longtemps encore. De fait, la courbe des abondances est globalement décroissante, ce qui indique que l'accession à la complexité se heurte à des difficultés croissantes, rare est l'or (79e dans l'ordre de la complexité), mais plus encore l'uranium (92e).

L'Univers est encore dans sa prime jeunesse. Plusieurs milliards d'années n'ont pas suffi pour transmuter dans les creusets célestes l'hydrogène en métal. La nature peine. Lente et coûteuse est l'édification du métal. La stabilité absolue du fer, roi de la création nucléaire, et la prééminence qui doit en découler, ne sont encore que des perspectives lointaines. Nous avons de bonnes raisons de croire que 25% de la masse initiale d'hydrogène, tout au plus, ont été convertis en hélium, et 2% seulement en éléments plus lourds. Ces éléments complexes laborieusement engendrés, bien que représentant une fraction infime de la matière existante, ont suffi à l'éclosion de la vie et de la conscience. Que seront la vie et l'intelligence à 3%?

La matière pensante est déjà capable de se pencher sur son passé de matière céleste, sans toutefois le bien comprendre...

Mais on peut déjà affirmer que, quel que soit le mécanisme de formation des éléments, il se doit de procéder avec la lenteur requise pour préserver, au terme de 15 à 20 milliards d'années, âge estimé de l'Univers, la prépondérance féerique de l'élément primordial, l'hydrogène. La connexion intime entre microcosme et macrocosme, que révèle la relation entre l'abondance et la stabilité des espèces nucléaires, indique, pour finir, que l'abondance des éléments est de nature purement physique.

Comme le monde végétal et animal est le résultat d'une évolution sélective et non d'une création spontanée, les noyaux d'atomes sont le produit d'une évolution en marche, non d'une création. La forme d'évolution décrite plus haut précède et détermine toutes les autres. L'astrophysique moderne postule que, parmi les objets astronomiques qui composent la nature, certains évoluent sous l'influence de processus nucléaires. Ces objets sont les étoiles.

Avortement de la création

Les astronomes qui scrutent la lumière des galaxies, républiques de soleils, rapportent que pour dix atomes d'hydrogène on compte un atome d'hélium, et ceci partout dans l'Univers observable, à quelques fluctuations près. On peut conclure de cette remarquable uniformité que les deux éléments les plus simples, pour l'essentiel, ont été engendrés une fois pour toutes, et tout en une fois, et qu'ils constituent l'héritage d'un événement universel perdu dans la nuit des temps. Pour ce qui touche aux éléments plus complexes que l'hélium, il existe, en revanche, des différences notoires de composition d'un objet céleste à un autre, comme l'atteste l'observation des étoiles séniles qu'abritent les *amas globulaires*. Dans ces asiles de vieillesse situés dans la grande banlieue galactique se pressent des dizaines de milliers d'individus âgés de dix à vingt milliards d'années, et qui ont vieilli ensemble. Ces étoiles du halo galactique naquirent, comme en témoigne leur situation géographique et leur mouvement, lorsque la Galaxie, encore informe, n'était qu'un nuage qui ajustait sa structure pour épouser la forme de disque mince et plat que nous lui connaissons aujourd'hui. Leur longévité est telle que, si longtemps après, ces vieilles demoiselles brillent encore d'un certain éclat. Témoins vivants de la formation et des transformations de notre Galaxie, ces étoiles comportent approximativement cent fois moins de « métaux » (au sens astronomique du terme, métal désigne tout ce qui n'est pas hydrogène ou hélium) que celles, plus récentes, nées dans le disque galactique. Ainsi, les objets anciens se révèlent pauvres en éléments lourds. En d'autres termes, au fil du temps et depuis sa naissance notre île d'Univers, la Voie Lactée, s'est enrichie en carbone, azote, oxygène, en fer, en argent, en or et la suite, grâce à la prodigalité des étoiles, lesquelles assument de génération en génération le rôle d'alchimistes consciencieux en transmutant les éléments simples en éléments plus complexes. Mais quels sont les éléments primordiaux, les pierres de construction à partir desquelles s'est formée la Voie Lactée, notre Galaxie, essaim de cent milliards d'étoiles ? Il s'agit bien sûr, essentiellement, de l'hydrogène et de l'hélium. On peut alors se demander pourquoi l'Univers, dans la toute-puissance de la violence originelle, s'est contenté de compter jusqu'à deux, nombre atomique de l'hélium. Pourquoi, en d'autres termes, l'Univers ne s'est-il pas fait en trois minutes ?

Le premier élément de réponse se rapporte à l'état de chaos qui, en toute hypothèse, caractérisait l'Univers il y a 15 milliards d'années environ. Toute matière, indifférenciée, était alors comprimée à l'excès et de ce fait la température atteignait des degrés extrêmes. L'état dense et chaud de l'univers primordial est un fait qui semble attesté, au-delà des polémiques qui entourent la véritable nature de l'événement originel. Dans la fournaise initiale, les neutrons furent amenés à se fondre aux protons pour produire le deutérium (1 proton et 1 neutron), puis l'hélium. Mais une forte proportion de protons libres restait intacte. Sur cet épisode fondateur nous reviendrons à loisir en meilleure saison. Saluons au passage la naissance d'un des joyaux de la création, si parfait toutefois que le voilà condamné à la solitude et à la stérilité : l'hélium-4, superbement stable et harmonieux (2 protons et 2 neutrons), ne peut engendrer par fusion avec le proton ou l'hélium lui-même, dans les conditions supposées de l'univers « naissant », que des rejetons instables, tels le lithium-5 et le béryllium-8, radioactifs. L'instabilité de la progénitude de l'hélium — liée aux nombres maudits $A = 5$ et $A = 8$ — brisait la chaîne de l'édification de la matière au nombre 2. Il existait bien, selon les calculs, des traces de l'élément 3 (lithium), mais insuffisantes pour former des mondes.

Ainsi, selon la genèse moderne, l'hydrogène et l'hélium furent-ils les principaux éléments à émerger de cette époque rude et fertile. La conséquence de ce phénomène que l'on dit originel (mais il faut se méfier du terme) est l'abondance et l'uniformité des plus simples noyaux. L'événement primordial, à savoir le plus éloigné dans le passé, avait jeté les bases nécessaires de l'édification des étoiles en leur fournissant la matière première qu'elles allaient façonner, offrant ainsi l'amorce d'une chaîne de processus stellaires qui allait avoir pour effet de couvrir de manière continue et sans lacune la gamme entière des éléments qui nous constituent, du carbone jusqu'à l'uranium. Il offrait à la nature les seuls atomes strictement nécessaires à la création des merveilles de tous les jours.

Arithmétique stellaire

Les entités fondatrices de l'univers matériel, protons et électrons, sont les reliques stables et durables des temps révolus.

Les neutrons, quant à eux, sont d'origine mixte, pour partie prisonniers dans l'hélium antique et pour partie provenant de la transmutation de certains protons dans

les creusets stellaires, par le biais des réactions nucléaires. Ceci posé, la variété des atomes se réduit à une séquence numérique : 1 2 3 4 5 6 ...92
H He Li Be B C U
hydrogène, hélium, béryllium, bore, carbone... et ainsi de suite jusqu'à l'uranium.

Rien ne sera plus créé. La substance la plus simple et la plus ancienne, essentiellement composée d'hydrogène (Z = 1) et d'hélium (Z = 2), ne fait que se métamorphoser en atomes de chiffre plus élevé, comme le 6 (carbone), le 7 (azote), le 8 (oxygène), et la cohorte des noyaux qui le suivent, ceci au fil des réarrangements et des redistributions arithmétiques de protons et de neutrons isolés ou groupés (*Figure 26*). En deçà du fer (Z = 26) la genèse des espèces nucléaires s'opère par agrégation successive de noyaux légers, mais l'amour des noyaux d'atomes pour les noyaux d'atomes est de plus en plus contrarié par l'électricité. De surcroît, le noyau de fer met un terme à cet enchaînement numérique : quasi parfait, il ne se combine à nul autre. Il est le plus stable de tous, le roi de la création nucléaire. L'édification des structures nucléaires au-delà du fer et jusqu'au dernier des noyaux stables, ou quasi stables, l'uranium (Z = 92), repose sur l'unique neutron. Ne portant aucune charge électrique, il peut aisément se glisser au sein des noyaux d'atomes et s'y greffer pour donner une espèce un peu plus lourde. Cette dernière se révèle généralement instable et se transmute en atome ordinaire, transformant en son sein un neutron en proton. Les électrons viennent progressivement se placer autour des noyaux, d'abord dans les couches les plus externes des étoiles, donc les plus froides, puis dans le milieu interstellaire lorsque le grand corps de l'étoile est dispersé dans l'espace sous l'effet conjugué des vents stellaires, des déchirements ou des déflagrations. Le monde, de cette manière, va se complexifiant. Et les agents de cette mutation sont les brasiers stellaires. L'Univers est dans sa pleine saison étoilée.

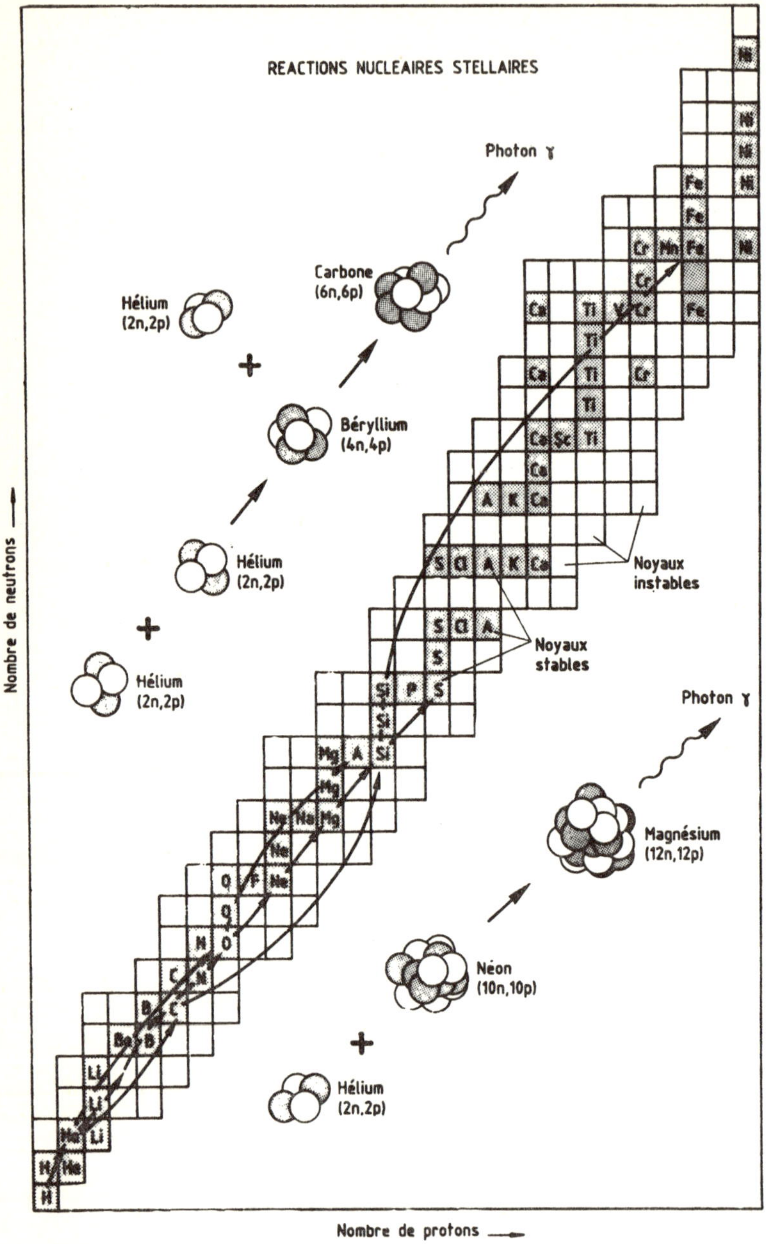

Figure 26. *Le grand jeu de la nucléosynthèse, de l'hydrogène jusqu'au nickel. De part et d'autre du réseau de réactions sont figurées quelques réactions clefs. La constitution des espèces au-delà du fer requiert l'intervention des neutrons.*

Là, dans ces hauts luminaires, les protons libres se rassemblent sous forme de noyaux de complexité croissante. Les produits finis de cette structuration sont d'une part un inévitable cadavre, monceau sphérique d'ossements compacts et rigides, matière durcie, mise en marge de toute évolution, et d'autre part une enveloppe envolée, enrichie en éléments complexes et vitaux, qui transmet l'héritage de l'étoile défunte.

Les petites étoiles modèles

Les étoiles jeunes, nouvelles nées, sont, pour les plus brillantes, des étoiles bleues. Ainsi, en astronomie, bleu et brillant est synonyme de jeune et massif.

Les étoiles à peine écloses, les belles étoiles bleues, sont le plus souvent associées à de grandes masses sombres, aux formes mal délimitées, nuages en quelque sorte, qui confisquent ou tamisent la lumière. Les nuages interstellaires sont des complexes gazeux, froids et poussiéreux, de masse considérable (100 000 fois celle du Soleil pour les plus gros), et de taille gigantesque (jusqu'à quelques centaines d'années-lumière). Le froid qui les engourdit est un effet de leur opacité : la lumière extérieure ne peut les pénétrer.

La conception, la gestation et la naissance des astres restent essentiellement cachées aux yeux de l'homme. Ils se forment, cela ne fait aucun doute, par condensation partielle de ces nuages sombres, à l'abri du regard indiscret des profanes. On en trouve encore enfouis dans leur placenta nuageux. Les nouveau-nés jettent leurs premiers feux dans leur chrysalide nuageuse qui ponctuellement semble s'enflammer. Telles sont les évidences dont se contentait jadis la puériculture stellaire, splendides certes, et caressantes à l'œil, mais ô combien maigres et incomplètes.

Certains êtres privilégiés, cependant, peuvent se vanter d'avoir vu naître une étoile (ou presque), et ceux-ci sont des astronomes d'un type particulier. Ils scrutent le ciel avec des télescopes souvent satellisés, sensibles au doux rayonnement des froids nuages, en l'occurrence infrarouge, qui traverse sans encombre le grand corps des nuages. Ce rayonnement délicat est celui des grains de poussière qui recueillent la première lumière des bébés stellaires, qui de ce fait s'échauffent et rayonnent dans leur propre registre, à savoir la gamme de longueur d'onde comprise entre 10 et 100 microns.

Les grandes masses nuageuses, grosses d'étoiles, rayonnent doucement, attendant la délivrance. Bientôt, une lignée entière d'étoiles bleues et dorées va émerger du nuage déchiré, pour vivre la libre vie d'étoile. Car la règle d'or de la parfaite étoile est de briller, simplement, dans le noir, comme par amour de l'œil. Car l'étoile parle à l'œil le langage de la lumière.

Nous sommes faits de mille vies d'étoiles, mais le père de l'étoile, c'est le nuage. Mais quel est le père du nuage, le père du père de l'étoile ?

Grise est la substance nuageuse, de même la substance pensante. Faut-il y voir l'origine du rêve, le rêve de l'origine ?

Les étoiles naissent du froid, et la matière floue engendre la matière ronde. Le gaz se transforme en étoiles. Ainsi va la Galaxie et toutes les galaxies environ.

Quelque chose de brillant, quelque chose de nouveau va sortir du ventre des nuages, une étoile ! Et toujours ce précepte est vrai.

Comme les fleurs sont les enfants des plantes, les étoiles sont les enfants des nuages. Les nuages cosmiques eux-mêmes ont pour ancêtre le gaz originel travaillé secrètement par le Big Bang — éclosion physique du monde — et enrichi par l'œuvre de générations et de générations d'astres laborieux. Les astres, las de briller, dispersent dans l'espace les produits de leur alchimie, inséminant les grands nuages de leurs graines métalliques, et, progressivement, la substance galactique s'enrichit en éléments complexes, supports matériels de toute vie...

Mais n'anticipons pas. Nous en étions au moment où, sous l'effet de son propre poids, une parcelle de nuage s'effondrait sur elle-même, appelant à elle tout le gaz du voisinage. La matière prise dans le mouvement subit un effet de compression. Il s'ensuit une élévation de température. Celle-ci, éventuellement, se poursuit jusqu'à atteindre au centre de la sphère en contraction un degré tel qu'elle déclenche le processus de fusion thermonucléaire, acte libérateur de lumière et d'énergie. Alors au ciel s'allume un réverbère, encore discret et falot, mais bien décidé à éclairer le spectacle de sa propre naissance. Une étoile est née.

La principale difficulté de l'étude de la structure interne des étoiles est que les processus qui prennent place dans les profondeurs ne peuvent être directement observés. L'enveloppe brillante dissimule au regard la véritable nature de l'objet. De ce fait, nos conceptions de la structure interne et de l'évolution stellaire se réfèrent à des évidences observationnelles globales, à des apparences extérieures, mais sont fondées, en fait, sur une longue chaîne d'hypothèses physiques et de calcul. La simulation numérique est la seule voie d'accès au corps et au cœur des astres. Si bien que l'ordinateur devient un instrument privilégié de l'astronomie.

Il semble, en effet, que nous disposions aujourd'hui des équations physiques de base auxquelles nous pensons que l'étoile doit obéir. La théorie a échafaudé un Soleil de papier et d'équations et idéalisé les luminaires célestes sur la base des principes simples hérités de l'étude des phénomènes naturels, tel le comportement des gaz chauds, aussi bien qu'artificiels, ou présumés tels, comme les réactions nucléaires, qui se prêtent à l'investigation physique ici-bas.

Certains dessinent des modèles de haute couture, d'autres des prototypes de voitures, nous, astrophysiciens, esquissons des modèles d'étoiles. Nos modèles classiques reposent sur des considérations d'équilibre entre forces ou tendances antagonistes.

1) L'état de la matière stellaire est identifiable à celui de la flamme. Vu la température, les atomes sont en grande partie dépouillés de leurs électrons. A cette mixture de noyaux d'atomes et d'électrons libres s'applique la physique des gaz électrisés, ou plasmas.

La matière stellaire hésite entre l'envol et la chute : le premier principe de stabilité est qu'en chaque volume élémentaire de l'étoile, la gravitation, qui appelle la matière à se ramasser sur elle-même, se voit opposer la poussée de la chaleur, qui entretient la lévitation des particules. Cette salutaire *pression thermique,* qui s'exerce vers l'extérieur, incite le matériau gazeux à s'envoler. Fort heureusement, la gravitation s'y oppose efficacement et assure, par le fait, la cohésion de l'édifice stellaire. La structure s'ajuste en tous points, de sorte à faire prévaloir l'équilibre. Mais le maintien de la pression engendrée par la chaleur implique une combustion dévorante de la matière. Et cet équilibre n'est pas éternel, car tout ce qui brûle périt. L'histoire de l'étoile est une grande tragédie dont les acteurs sont la matière et la lumière, la gravitation et le feu nucléaire. Génie nucléaire, elle s'efforce d'exploiter au mieux toutes les formes possibles de fusion thermonucléaire, afin d'extraire de sa propre substance la chaleur vitale, quitte à se ramasser sur elle-même pour échauffer son cœur et se contracter pour raviver le feu nucléaire. Tel le mangeur d'opium de Baudelaire, elle se dévore elle-même.

L'histoire de l'étoile n'est autre que celle des transformations nucléaires qui métamorphosent ses profondeurs. La loi de conservation de l'énergie associée à l'équation d'Einstein $E = mc^2$ suffit à rendre compte de la vaste dépense d'énergie en terme de gestion du potentiel nucléaire, pendant la plus grande durée de la vie de l'objet lumineux. Prosaïquement, une étoile en bonne santé n'est rien d'autre qu'une sphère de matière et d'énergie qui ajuste sa structure et sa combustion de façon à s'opposer de toutes ses forces à son penchant naturel pour l'effondrement. Une nuit, l'étoile mourra guérie de sa lumière.

2) Mais pour l'instant elle brille juste ce que lui permet sa médiocre transparence. L'énergie rayonnée est engendrée par les réactions nucléaires, et plus elle brille, plus elle brûle (au sens nucléaire bien entendu). Partant de la constatation banale que la chaleur va toujours des régions les plus chaudes vers les régions les plus froides, on peut déduire tout simplement que, puisque le Soleil irradie de la chaleur, chaque cm^2 de la surface de ses sœurs stellaires sera traversé par un flux, un courant de chaleur qui ne peut qu'émaner d'une source profonde. Il s'ensuit que la température interne du Soleil est plus élevée que celle de la surface visible (5600 degrés). Il en va de même pour les étoiles. La température interne, en raison de sa valeur nécessairement très élevée, pousse l'énergie libérée par les réactions de fusion thermonucléaire à filtrer à travers les couches successives jusqu'à la surface, où elle émerge sous forme de rayons de Soleil ou de lumière stellaire. Le taux de transfert de l'énergie rayonnante depuis les profondeurs jusqu'à la peau lumineuse est calculé à partir des propriétés de transparence ou d'opacité des gaz chauds.

L'énergie rayonnée par les régions externes doit, bien évidemment, être régénérée. Dans le cas du Soleil et de la plupart des étoiles visibles, cette opération s'effectue par le biais de la fusion de 4 noyaux d'hydrogène en 1 noyau d'hélium, et ceci en un nombre suffisant d'exemplaires pour compenser l'hémorragie lumineuse. C'est également un processus qui se prête au calcul.

Les ressources de l'étoile sont mises à contribution de deux manières. D'abord l'étoile s'échauffe en se contractant, jusqu'à ce que le combustible nucléaire s'enflamme, nous l'avons dit. L'énergie est en premier lieu d'origine *gravitationnelle,* puis *nucléaire,* et de nouveau gravitationnelle quand le combustible vient à manquer, et ainsi de suite jusqu'à ce que le grand corps de l'étoile soit tyrannisé par la gravitation et se résorbe dans l'invisible. La gravitation domine chaque fois que le feu nucléaire s'éteint. C'est elle qui réchauffe le cœur de l'étoile-bébé jusqu'à ce que s'enflamme l'hydrogène. Quand l'hydrogène sera brûlé, c'est encore elle qui mettra le feu à sa cendre d'hélium, et ainsi de suite. Les cendres d'un combustible deviennent elles-mêmes le combustible de la phase suivante, moyennant une contraction opportune qui se solde par un accroissement de température. La fusion du carbone suit celle de l'hydrogène et de l'hélium et précède celle de l'oxygène et du silicium.

C'étaient, très brièvement résumées, les tendances générales qui gouvernent la destinée stellaire. Nous n'avions pas l'ambition de dérouler pour vous le faste de la vie intérieure des étoiles, fort complexe, et parfois mouvementée. L'étoile, au bas mot, est typiquement composée de 10^{57} à 10^{58} particules, et abrite une variété extrême de conditions physiques.

Vouloir décrire en détail toutes les configurations stellaires possibles dépasse les capacités humaines. Mais au moins nous voilà édifiés. D'ores et déjà nous jetons un regard différent aux splendides créatures qui se pavanent en ciel : sous leur masque coloré les belles cachent des réacteurs thermonucléaires à confinement gravitationnel.

Ces principes exprimés sous forme mathématique conduisent à des équations solubles par les grands ordinateurs. Les solutions conduisent à des prédictions, concernant par exemple la température de surface et la luminosité des astres lumineux, qui peuvent être confrontées avec l'observation directe de ces mêmes quantités. Mieux encore, la comparaison des propriétés calculées et réelles permet de fixer la masse et l'âge des étoiles, quantités inaccessibles à la mesure directe.

Imaginons-nous maître du temps, et nullement

pressé. Il nous prend la fantaisie de fixer volontairement dans la foule du ciel les plus beaux de ses enfants et de les suivre des yeux. En voici une poignée toute fraîche, à peine viennent-ils de faire leurs premiers pas hors du nuage natal. Et voilà à peu près les remarques que l'observation de ces êtres devenus transparents à l'esprit nous suggérerait.

Leur apparence est stable. Des millions et des milliards d'années se dévident, et leur face calme est d'égale brillance et d'égale couleur : bleue, jaune, rouge selon que les étoiles sont lourdes, de poids moyen ou légères et d'autant moins brillantes qu'elles s'écartent du bleu. Ces couleurs sont des indicateurs de température de surface et cette luminosité témoigne de la quantité de matière brûlée chaque seconde afin de conserver leur éclat. Nous ne nous y trompons pas, elles tirent leur subsistance du combustible nucléaire le plus léger, le plus énergétique et le plus abondant, pour tout dire l'hydrogène. Et le rayonnement filtre lentement à travers les étoiles, du cœur à la surface, échauffant au passage la matière interposée, qui de ce fait voit augmenter sa *pression thermique,* désormais apte à contrebalancer la gravitation. Elles se sont installées durablement dans la phase confortable de la fusion centrale de l'hydrogène.

Passe-muraille nucléaire

La fusion d'au moins deux noyaux légers (A et B) en un noyau plus lourd (C) se solde par la libération de la différence de masse entre A + B et C.

Mais cette fusion ne s'effectue que si les noyaux en présence parviennent à entrer en contact malgré la répulsion électrique qui tend à les repousser. Ceci requiert une énergie de mouvement (cinétique) d'autant plus haute que la charge électrique des noyaux en présence est forte.

Aux très hautes températures qui nous importent ici (plusieurs millions, voire milliards de degrés), les atomes sont largement dépouillés de leurs électrons. Leur noyau nu est doté par conséquent d'une charge positive correspondant au nombre atomique (nombre de protons). Ainsi le noyau de l'atome d'hydrogène, ou proton, porte-t-il une charge électrique unité, et le noyau de carbone une charge six fois supérieure.

En règle générale, les réactions qui impliquent des noyaux de charge électrique élevée, c'est-à-dire ceux qui comportent un nombre élevé de protons, opèrent plus lentement, plus difficilement que celles qui mettent en jeu des noyaux de charge électrique plus faible. Ceci parce que les charges de même signe se repoussent, et la répulsion est d'autant plus intense que la charge de l'un et de l'autre des protagonistes est grande. Des vitesses d'approche toujours plus élevées sont requises pour faire fusionner des noyaux toujours plus lourds et donc plus chargés.

L'énergie cinétique provient de cette sorte d'agitation désordonnée qu'engendre la chaleur. Si la densité du gaz stellaire n'est pas trop élevée, l'énergie cinétique moyenne des particules est proportionnelle à la température. Souvenons-nous qu'une énergie moyenne de 1 électron-volt correspond à une température de 10000 degrés environ. Un gaz chaud peut ainsi être représenté comme une myriade de particules volant de tout côté à vitesse d'autant plus élevée qu'il est plus chaud. Au fil du mouvement se produisent des chocs, d'autant plus violents et fréquents que la vitesse (et donc la température du gaz) est plus élevée. La fréquence des collisions dépend également de la densité du milieu. On comprend bien que la dilution diminue la probabilité de choc.

Mais le tableau serait bien incomplet si on ne lui ajoutait *l'élément quantique.*

Isolons par l'esprit une seule particule parmi la foule grouillante de ses semblables. Nous ne nous intéressons qu'au mouvement de cette particule, comme s'il s'agissait de la flèche de notre arc, mais une flèche empoisonnée d'électricité. Il est alors commode de représenter l'effet du noyau d'atome le plus voisin, celui justement qui nous sert de cible, comme un bouclier électrique qui repousse le projectile et fait barrière à la pénétration. Nous lançons notre flèche, sans illusion, bien persuadés de la voir rebondir sur l'adversaire, tant celui-ci est cuirassé. Mais, ô surprise, le voilà qui s'effondre.

C'est ici qu'est intervenu le caractère quantique de notre « flèche » : en s'infiltrant à travers un bouclier trop épais pour elle, la particule matérielle réagit comme une onde.

Dans une région éloignée de l'obstacle, elle peut être détectée comme une particule localisée, mais, lorsque l'obstacle se présente, elle s'infiltre comme une onde. La pénétration et l'apparition de la particule de l'autre côté de la barrière sont donc une conséquence de la dualité fondamentale onde-particule des êtres quantiques. Cet effet de passe-muraille peut être imputé au fait que les particules réelles que l'on trouve dans la nature s'étalent dans l'espace comme des ondes. Si la description ondulatoire est correcte, alors la probabilité qu'une particule soit où il lui est interdit d'être n'est pas nulle. Cette assertion paradoxale est vérifiée par le fait que le Soleil brille. En effet, la pénétration d'un proton par un autre, selon le traitement classique, est impossible à la température qui règne au centre du Soleil. Par contre l'interprétation quantique du même phénomène s'accorde à ce fait naturel : le Soleil brille.

Ainsi l'onde de probabilité, qui décrit la présence de la particule, pénètre partiellement dans des régions interdites par la mécanique classique. Je ne peux en dire davantage sans recourir aux équations. Sachez, si vous restez sceptique, et je vous comprends, que ce comportement étrange qui résulte de l'aspect ondulatoire du mouvement des micro-objets a été observé dans d'autres types de phénomènes, telle la radioactivité alpha (émission spontanée de noyaux d'hélium par des noyaux instables).

Retenons pour notre propos que, lorsqu'une particule parvient à s'infiltrer dans le sanctuaire du noyau, elle est subjuguée par la force nucléaire puissamment attractive ; il est bien rare qu'elle en sorte, et une réaction nucléaire a lieu en général. Le noyau agit tout à la fois comme un piège et comme un creuset. La seule difficulté est de forcer l'entrée.

Jouant de sa double nature, le proton conquérant se travestit en onde, et l'onde s'infiltre là où la particule rebondit. La transparence des défenses s'accroît avec l'énergie de l'assaillant. Cet accroissement est, en première approximation, représenté par une fonction exponentielle de l'énergie. Ceci rend la probabilité de pénétration extrêmement sensible à la température. Je n'en dirai pas davantage sur l'*effet tunnel*, c'est ainsi qu'on le nomme. Nous devons sa découverte au très grand physicien Georges Gamow, qui s'est également illustré en proposant le modèle du Big Bang.

Le fluide nucléaire

Cela posé, il est loisible de s'interroger sur les qualités énergétiques du fluide nucléaire qui se consume dans les brasiers stellaires. Le rendement énergétique des réactions, maximum pour la combustion de l'hydrogène, décroît au fur et à mesure que le combustible nucléaire se complexifie. C'est une conséquence directe de la forme qu'emprunte la *courbe de stabilité* des diverses espèces nucléaires (Voir *Figure 24, supra*) : les noyaux les plus légers sont les moins liés, de ce fait en se combinant ils acquièrent une meilleure stabilité, ce qui se solde par une libération d'énergie substantielle. En revanche les noyaux lourds ont peu à gagner en stabilité en s'associant avec d'autres noyaux, et la fusion nucléaire dégage peu d'énergie.

Les cendres d'un cycle de fusion peuvent servir de combustible au cycle suivant, à condition que l'étoile puisse échauffer son cœur suffisamment pour que brûlent les cendres accumulées. Et ceci jusqu'au fer. Ce dernier, parfaitement incombustible parce que stable, marque le terme des réactions nucléaires dispensatrices d'énergie.

Les réactions de capture de neutrons prennent le relais pour édifier, à partir du fer, toutes les autres espèces nucléaires jusqu'à l'uranium. Ceci dans des stades d'évolution nucléaire calme, ou au contraire cataclysmique.

Par ailleurs, le transport de l'énergie engendrée passe des mains du photon à celles des neutrinos, à partir du stade de fusion du carbone (*Tableau 1*). Les astres rayonnent alors principalement des neutrinos.

Étapes douces de fusion thermonucléaire				
carburant (matière première)	température (degrés)	« cendres » les plus abondantes	rendement énergétique (erg par gramme de combustible)	transport de l'énergie
hydrogène	20 millions	hélium, azote	5 à 8.10^{18}	photons
hélium	200 millions	carbone, oxygène	7.10^{17}	photons
carbone	800 millions	oxygène, néon, magnésium	5.10^{17}	neutrinos
néon	1,5 milliard	oxygène, magnésium, silicium	$1.1.10^{17}$	neutrinos
oxygène	2 milliards	silicium, soufre	5.10^{17}	neutrinos
silicium	3,5 milliards	fer, nickel	0 à 3.10^{17}	neutrinos

Tableau 1. *Étapes non explosives de la fusion thermonucléaire dans les étoiles.*

Retenons que l'éclat des étoiles, leur pérennité, et l'existence des éléments chimiques, à l'exception des plus légers, hydrogène, hélium, lithium, béryllium et bore, sont une conséquence de l'interaction entre nucléons dans les profondeurs des étoiles. Le fait que les réactions nucléaires libèrent dans les phases précoces une quantité considérable d'énergie entraîne qu'un faible nombre d'entre elles suffit à entretenir le débit d'énergie des astres lumineux, et en particulier du Soleil. L'énergie totale libérée par la formation d'un seul noyau d'hélium, par la fusion de 4 protons, est de 26,2 MeV (ou $4{,}2\ 10\ ^{5}$ erg). Sachant que le Soleil rayonne $4\ 10^{33}$ erg par seconde, le nombre de réactions du type $4H \Rightarrow {}^{4}He$ + énergie — on le calcule facilement — est de l'ordre de 10^{38}. Le nombre de noyaux d'atomes d'hydrogène impliqués est 4 fois plus élevé, soit $4\ 10^{38}$, ce qui semble « astronomique », mais qui n'est rien comparé aux 10^{57} protons que contient environ notre étoile.

Les réactions thermonucléaires à l'intérieur des étoiles ont par conséquent un double effet :

1. Elles synthétisent les éléments complexes à partir de l'hydrogène primordial. Les étoiles sont les creusets célestes dans lesquels se forment les éléments, en partant naturellement des plus légers pour aller vers les plus lourds.

2. L'énergie de cette fusion est libérée sous forme de rayonnement. En d'autres termes, les étoiles se dématérialisent doucement.

Le débit de rayonnement, c'est-à-dire la quantité rayonnée chaque seconde, et donc l'espérance de vie de l'objet, est régie par sa masse à la naissance et sa quasi-opacité. La masse impose la température centrale, par le biais de la pression requise pour soutenir les couches supérieures. Plus une étoile est massive, plus la température centrale est élevée. Une étoile parfaitement transparente, par ailleurs, se consumerait comme un feu de paille, car ses ressources nucléaires seraient en un clin d'œil dilapidées. Ainsi, l'opacité de la matière stellaire est garante de longévité. Les plus économes des étoiles perdent la lumière goutte à goutte en comparaison des étoiles capiteuses, les belles étoiles bleues (parce que chaudes), qui, menant existence brillante (par force, nous en savons la raison : c'est la seule manière de s'opposer à la gravitation), s'épuisent à conserver leur éclat. La lumière se déverse à flots dans l'espace ravi.

La matière stellaire dans tous ses états

Les étoiles sont, disent les physiciens, des globes de gaz incandescents. Il peut paraître surprenant que l'on persiste à traiter comme un gaz une matière dont la densité est en moyenne voisine de celle de l'eau, comme c'est le cas de la substance du Soleil et de nombreuses étoiles.

Le caractère gazeux est pourtant une propriété réelle de la matière stellaire, et nous en savons la cause : les atomes sont dissociés par le chaleur, et les entités ainsi libérées, électrons et noyaux, sont suffisamment distantes les unes des autres pour qu'on les considère comme libres. La société des particules jouit alors d'une admirable souplesse et d'un pouvoir d'adaptation qui lui confère une belle longévité. Elle s'honore également d'une bien grande simplicité. A ce fluide, en effet, s'applique l'équation des gaz parfaits : pression x volume = température, à une constante numérique près.

Mais cette perfection gazeuse perdure-t-elle tout au long de l'existence stellaire ? Ou faut-il supposer que le grand corps (cœur ?) de l'étoile perdra de sa souplesse et finira par se scléroser ?

A cheval sur une étoile vieillissante, armé d'une lunette idéale retournée sur son cœur, nous y verrions la fusion des éléments lourds prendre le relais de celle de l'hydrogène. Mais les combustions successives de fluides nucléaires toujours plus lourds (hélium, puis carbone, oxygène et enfin silicium) exigent des températures centrales toujours plus élevées (*Tableau 1*) qui sont obtenues au prix de contractions successives. Le cœur de l'étoile se contracte donc, d'étape en étape, par paliers successifs, se faisant plus dense et plus chaud (*Figure 27*). Comme la densité s'élève, la promiscuité devient vite insupportable à certaines particules. La réduction draconienne de l'espace vital des électrons ne va pas sans difficulté. Elle conduit ces *fermions*, fort susceptibles, à s'opposer farouchement à la contraction, en vertu même du *principe d'exclusion de Pauli*.

Mais quelle est l'essence de ce phénomène ?

En raison du rétrécissement de l'espace libre, les particules peuvent être considérées comme de mieux en mieux localisées (à la limite elles le seraient parfaitement si le volume se résorbait en un point !). En d'autres termes, le volume accessible aux particules se

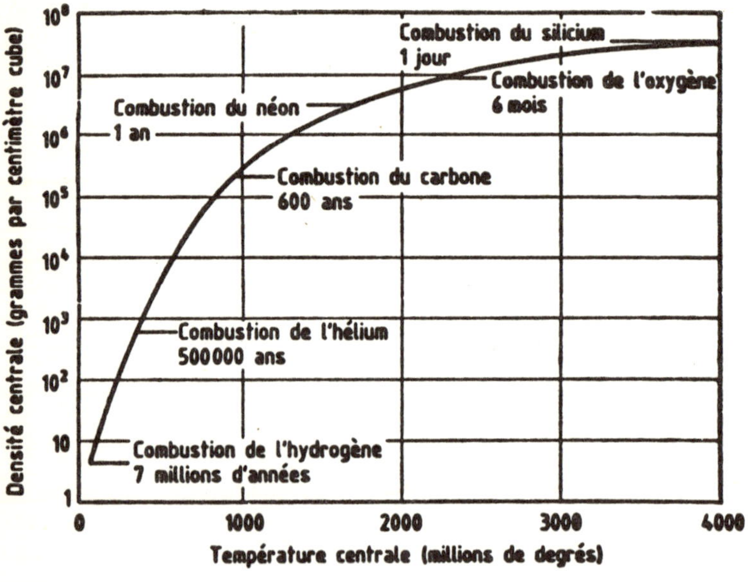

Figure 27. *Succession des différents cycles de combustion dans une étoile de 25 masses solaires selon les modèles actuels. On peut lire sur ce diagramme la température et la densité centrales correspondant à un cycle donné.*
L'accélération historique est sensible : la combustion de l'hydrogène dure 7 millions d'années, celle du silicium seulement un jour.

voit limité par l'existence même de leurs proches. Il s'agit donc d'un effet de promiscuité. Mais un principe quantique intangible impose une limite à la précision avec laquelle la vitesse d'une particule peut être déterminée connaissant sa position, ou plus exactement les bornes de son domaine. Il s'agit, bien sûr, du fameux *principe d'indétermination d'Heisenberg*[1].

L'incertitude sur la position va donc en diminuant au fil de la contraction, en conséquence de quoi l'incertitude sur la vitesse augmente. Autrement dit, la vitesse de chaque particule peut prendre des valeurs élevées, bien supérieures à celles qu'autorise la température. La vitesse des particules est alors déterminée non plus par la température, mais par la densité ambiante.

Ceci se produit dans le cœur dense de certaines étoiles. Dans ces conditions la matière est dite dégénérée, terme malheureux s'il en est, auquel on pourrait préférer celui de transcendante, si ce terme avait un sens physique. Transcendante en ce que les particules sont idéalement libres et idéalement unies, tout à la fois.

L'étoile perd alors de sa souplesse, et avec elle sa capacité de réajustement qui avait assuré jusqu'alors sa stabilité et qui ne dépendait que de la proportionnalité entre pression et température, marque des gaz parfaits.

Dès lors, la synthèse nucléaire dispensatrice d'énergie, ou tout autre phénomène qui pourrait porter atteinte à l'équilibre du cœur, est potentiellement explosive. Cette situation conduit inexorablement l'étoile à sa perte, à son autodestruction cataclysmique.

Il est une classe d'étoiles qui se distingue par sa propension à donner de l'éclat à sa mort et conférer à sa métamorphose une dimension explosive. Le cœur s'effondre mais l'enveloppe charnelle de l'étoile s'envole. C'est cette fable moderne de l'envol et de la chute qu'accrédite la science moderne. La lumière de cette déchirure illumine les galaxies.

---

1. Voir Appendice.

TROISIÈME PARTIE

REQUIEM STELLAIRE

Les derniers feux

Les réactions nucléaires entretiennent le feu des étoiles et régissent leur vie. Mais une force obscure et implacable les tire vers la mort : la gravitation nourrit un seul dessein, réduire l'astre lumineux à néant, le faire disparaître du monde visible et le mettre en marge, à tout jamais, de l'évolution cosmique.

Mais d'autres étoiles naissent sur les cendres de leurs aïeules. Et si l'étoile est mortelle, la société des étoiles perdure, comme se perpétue l'humanité après la mort de l'homme.

Sur le cadavre des étoiles passées rôdent des spectres désenchantés, spectres électromagnétiques, fluorescences, lueurs désespérées, que le regard ignore. C'est à ces feux follets, ces réminiscences qui parlent aux astronomes de l'invisible que nous demanderons avec douceur de dire leur secret.

« Je suis le cœur calciné d'une étoile », hoquette le pulsar. « Je suis sa chair rayonnante, son cadavre encore chaud », vitupère, en rayons X, le gaz environnant.

« Je suis l'électron chassé de la matière et qui danse dans les champs magnétiques alentour », nous confie la modeste particule, par radiotélescope interposé.

Chacun dans son style proclame, parlant de la belle morte : « L'homme ne se tenait pas encore debout et c'était une belle étoile bleue... »

Mais l'armée bruyante des curieux arrive au grand galop et l'apparition timide se tait...

C'était, en effet, une belle étoile bleue. La nature lui avait offert toutes les chances de briller en société. Née coiffée, elle disposait d'une fortune colossale, qui se comptait en dizaines de masses solaires. Elle extrayait de sa propre substance la chaleur vitale propre à sauvegarder sa splendeur rayonnante. Mais la gravitation, alliée conjoncturelle — sans elle pas de cohésion, donc pas d'étoile —, nourrissait un seul but : la pousser au tombeau... Cette force inusable poursuivit sans trêve sa guerre d'usure, exploitant les moindres faiblesses de l'adversaire.

Une guerre de tranchées immobilisa le front pendant des millions et des millions d'années au cœur même de l'étoile. Étoile, d'apparence tranquille, installée dans le bleu.

La grande majorité des étoiles, dans une galaxie typique comme la nôtre, est dans cette phase léthargique. C'est ce qui donne au ciel cet aspect serein et rassurant. Selon la masse, la couleur varie car elle témoigne de la température superficielle. A chaque couleur correspond une température. Ne dit-on pas chauffé à blanc ? Ainsi les étoiles rouges sont plus froides en surface que les étoiles jaunes, elles-mêmes plus froides et plus légères que les étoiles bleues.

Mais la lutte titanesque et sans merci entre le feu nucléaire que l'étoile entretenait en brûlant son propre cœur et la gravitation têtue, se nourrissant de rien, et qui appelait la matière à se rassembler de la manière la plus compacte, la plus drue, l'épuisa lentement. Les plus éclatantes des étoiles, pour conserver leur train de vie, se doivent, en effet, de dépenser des fortunes en lumière, alors que les plus ternes ne puisent que très parcimonieusement dans leurs ressources naturelles. Les plus dispendieuses sont aussi les plus généreusement dotées à la naissance. Elles ont hérité du nuage parent une fortune de 20 à 100 fois la masse du Soleil, et tout cela en combustible de bonne qualité. Les plus économes, qui sont les plus légères, ne disposent que de la portion congrue (une masse solaire, ou même moins). Mais, comme par un effet de ce que j'oserai appeler la morale stellaire — mais qui relève de la pure physique —, les étoiles riches et massives ne le restent pas bien longtemps. Et les inégalités sociales ont, à long terme, tendance à s'effacer.

Dans les amas globulaires, asiles de vieillesse où les étoiles se pressent, la luminosité est modeste certes, mais bien partagée, car toutes les vieilles demoiselles en viennent à se ressembler. Les grandes étoiles rieuses sont mortes depuis longtemps.

Pour sûr, l'usure du temps n'est pas uniforme pour toutes les espèces. Paradoxalement, des étoiles éléphants et des étoiles mouches, ce sont les premières qui passent le plus vite, et ceci en raison des très hautes températures et des fortes pressions que fait régner le poids des couches extérieures sur le cœur des astres lourds, ce qui les entraîne à brûler furieusement leur combustible nucléaire. Les réserves considérables dont la nature a pourvu ces objets s'épuisent rapidement en raison de leur consommation frénétique.

On comparera avec profit l'espérance de vie de bébés étoiles de masses variées (*Tableau 2*).

Masse (en masse solaire)	Durée de vie (en années)
0,8	25 milliards
1,0	10 milliards
1,2	4,5 milliards
1,4	2,5 milliards
2	750 millions
3	250 millions
4	120 millions
6	50 millions
8	30 millions
10	20 millions
15	10 millions
20	8 millions
40	4 millions
60	3 millions

Tableau 2. *Espérance de vie des étoiles en fonction de leur masse.*

Soudain la crise, la pénurie ! L'évolution s'accélère vers la catastrophe, l'effondrement final. A partir de ce moment, les stades de l'évolution sont si fugaces que, parmi toutes les étoiles du ciel, les mourantes passent inaperçues. Les étoiles ne revivent à nos sens qu'après leur mort. Leur cadavre parfois illumine le ciel alors que leur cœur palpite encore. Ce cœur, c'est ce que l'on s'accorde à appeler *pulsar*, et ce corps écartelé, un vestige de supernova. Pour être précis, ce cœur ne bat pas, il tourne. Il tourne comme un phare dont le pinceau lumineux nous éclaire par intermittence à cadence répétée.

La gravitation a vaincu le feu nucléaire. Mais le triomphe n'est pas complet. Dans son agonie, alors que les couches les plus profondes, n'étant plus soutenues, sombraient irrémédiablement, l'astre, rassemblant ses dernières forces, jetait par-dessus bord tout ce qu'il pouvait sauver. La matière arrachée à l'étoile, ainsi épargnée, lancée dans l'espace, s'y diluera. Cette matière vive, donnée en partage à l'environnement de la morte, transmettra en quelque sorte son hérédité en se réincarnant, qui sait, dans une étoile future qui, pour peu qu'elle soit bleue de naissance, pour ne pas dire chaude et massive, explosera à son tour. Si bien que les noyaux fraîchement manufacturés rejoindront leurs semblables dans le milieu interstellaire où ils engendreront des atomes et des molécules qui s'amasseront en nuages où naîtront de nouvelles étoiles et peut-être la vie.

Mais les cadavres calcinés parmi naines blanches et trous noirs, étoiles à neutrons, s'accumulent et la galaxie ne sera plus, un jour, qu'un immense cimetière stellaire.

Un don du ciel

Était-ce une fable moderne ? La réponse est non. J'ai cherché à retranscrire ici, de manière quelque peu imagée, j'en conviens, l'idée que donne la science de la vie et de la mort des étoiles. Je n'oserai qualifier cette description de vérité scientifique car le doute subsiste sur beaucoup de chapitres mouvementés de l'évolution des étoiles. J'ajouterai, pour éviter toute polémique idéologique, que si j'ai fait la part si belle aux étoiles exubérantes et capiteuses, au détriment de la majorité silencieuse, aux belles étoiles insouciantes du temps, c'est parce que ce sont également les plus généreuses vis-à-vis du milieu extérieur.

Aussi longue ou courte soit-elle, la vie d'une étoile n'est rien si elle ne s'enrichit d'une œuvre. Au plan de la générosité définie comme la puissance de création doublée de l'acte de don, les belles étoiles bleues sont exemplaires.

Mais les étoiles massives sont rares. Les courbes démographiques laborieusement reconstituées par les astronomes indiquent que, sur 10000 étoiles à naître, 1400 seront plus massives que le Soleil, et 30 seulement dépasseront 10 fois cette masse. La proportion tombe à 1/10000 pour une masse supérieure à 40 masses solaires. Mais ces géantes stellaires sont plus importantes pour l'astrophysique que leur nombre ne le suggère, car si elles tirent leur lumière du feu nucléaire, comme cela ne fait plus aucun doute, leur luminosité implique un taux élevé de réactions thermonucléaires, autrement dit une capacité exceptionnelle de *transmutation des éléments*, puisque l'un ne va pas sans l'autre. De fait, dans les profondeurs des grands luminaires l'évolution nucléaire procède par époques thermonucléaires séquentielles, entrecoupées de phases rapides de contraction destinées à surchauffer le cœur afin d'enclencher un nouveau cycle de combustion nucléaire : fusion thermonucléaire de l'hydrogène, de l'hélium, du carbone, de l'oxygène, (du néon), et enfin du silicium qui aboutit au fer. Les cendres nucléaires d'une phase deviennent le combustible de la phase suivante. Ainsi s'opère la *nucléosynthèse*, synthèse des noyaux atomiques lourds (complexes) à partir des plus légers (simples).

Mais les capacités calorifiques du combustible se détériorent au fur et à mesure du recyclage et la combustion demande des températures toujours plus élevées. L'étoile vieillissante, pour conserver son éclat, épuise ses réserves énergétiques, d'autant que dans son âge le plus avancé les neutrinos produits en abondance dans son cœur brûlant emportent ses dernières forces. L'étoile court à sa perte.

Admirez le spectacle : l'hélium, produit majeur de la combustion de l'hydrogène, est brûlé dans la partie la plus interne du volume où il s'est accumulé, en l'occurrence la partie centrale de l'étoile. Ainsi se forme un cœur de carbone et d'oxygène emmitouflé dans une boule d'hélium, elle-même cachée dans une boule d'hydrogène intact. Le carbone et l'oxygène à leur tour se mettent à brûler dans la partie la plus interne de l'espace qu'ils occupent, produisant du silicium, alors que la fusion de l'hélium se poursuit au-dessus d'eux. Au cœur du cœur, le silicium se transforme en fer et en nickel. L'étoile en couches successives brûle. Ainsi, avant la mort, se développe une stratification en couches de composition différente, dont chacune est en flammes, sauf le noyau central : il est entouré de couches concentriques composées essentiellement de silicium, d'oxygène, de carbone et enfin d'hydrogène. C'est du moins ce qu'indiquent les calculs (*Figure 28*).

Le fer central refuse de s'embraser car il est le noyau le plus stable de la création et n'a rien à gagner à se lier aux autres. Par cet arrêt, le cœur est condamné à s'effondrer sous son propre poids. C'en est fini de la vie lumineuse. L'étoile met un terme à son existence en explosant. La chaleur de l'explosion, qui volatilise l'enveloppe, est propice aux réarrangements nucléaires

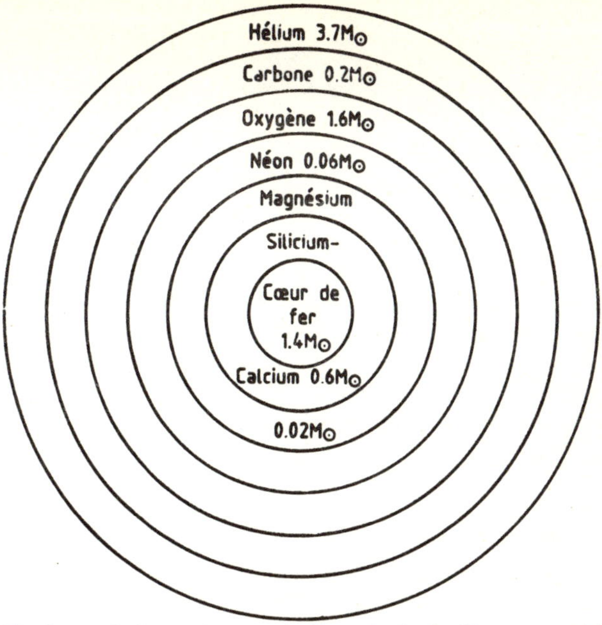

Figure 28. *Coupe de la partie centrale d'une étoile de 25 masses solaires en passe d'exploser (d'après le physicien américain S. Woosley). Toute la séquence de réactions thermonucléaires est active à différentes profondeurs.*

qui viennent ajouter la dernière touche au tableau des abondances des éléments dispersés dans l'espace, don définitif de l'étoile. Ce dernier processus, encore fort incertain, se nomme *nucléosynthèse explosive.* Il a donné lieu à de passionnants travaux trop complexes et nombreux pour pouvoir en parler ici.

L'explosion dans le ciel est par conséquent créatrice. Ainsi les étoiles massives apparaissent comme les grands alchimistes de l'Univers, les grandes manufactures où s'assemblent les éléments nécessaires à la vie. Au lieu de conserver jalousement le fruit de leur labeur, comme le feraient leurs petites sœurs, les étoiles coffres-forts, dont rien ne sort, ou presque, les belles étoiles bleues — bleues dans leur jeunesse, mais rougissantes de vieillesse, pour la plupart — inséminent l'espace des produits de leur alchimie. Ces produits ont pour nom carbone, oxygène, magnésium, silicium, fer, uranium, parmi tant d'autres. Autant d'éléments constitutifs de l'homme et de la femme.

Cadavres exquis/retour à la perfection

Si ces étoiles nous ont donné la vie, nous leur devions bien de les comprendre.

Retenons donc ceci, c'est bien un minimum : les étoiles, conçues à toutes fins pratiques comme des boules de matière et d'énergie, sont régies comme tous les systèmes physiques ouverts sur l'extérieur par des principes de stabilité. Est stable l'état d'énergie minimum. Elles évoluent irréversiblement vers des configurations de plus en plus stables, de plus en plus compactes, vers la stabilité du tombeau, quitte à se débarrasser de la matière et de l'énergie qui les gênent pour atteindre ce but : de fait, le cœur des étoiles massives — embryon d'étoile à neutrons ou de trou noir — évolue toujours vers un état de très haute densité qui le stabilise. Cet état n'est plus gazeux, dans l'acception commune du terme, mais dégénéré. Seule la mécanique quantique peut aider à le décrire. La pression n'est plus liée à la chaleur, mais plutôt à la propriété quantique des électrons, d'abord, et des neutrons éventuellement, de résister à l'écrasement de par leur haine de la promiscuité ; ce sont en effet des *fermions.* La coexistence des fermions dans un volume qui se rétrécit les entraîne pour se différencier, à adopter des vitesses toujours plus élevées. Ils exercent, de ce fait, une pression considérable, quasi indépendante de la température, mais croissante avec la densité. Ainsi l'opposition se durcit progressivement. Il s'ensuit un état de haute perfection : le gaz compact de fermions est idéalement solide, mais fluide et conducteur de la chaleur. La société des particules est à la fois permissive (chacune est libre de se mouvoir) et organisée (globalement l'ordre est achevé).

Le cœur serré à l'extrême acquiert alors les propriétés d'un solide ou, mieux, d'un *astre quantique*, que l'on peut imaginer comme le plein parfait.

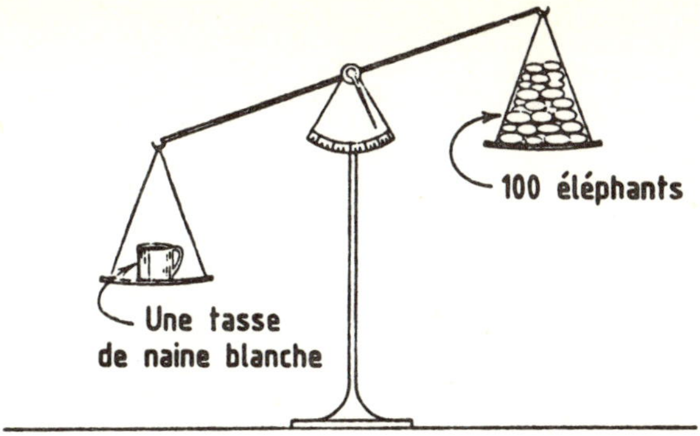

Figure 29. *Densité des naines blanches.*

Mais qu'arrive-t-il au juste lorsque l'énergie nucléaire s'épuise dans les zones stratégiques de l'étoile, et que le cœur se déstabilise ? Les effets de la crise qui ravage le foyer central sont d'autant plus cataclysmiques que l'étoile est massive : les étoiles dont le cœur n'excède pas 1,4 masse solaire environ subissent une contraction centrale relativement modérée et lente qui cesse lorsque la densité atteint 1 million de grammes par cm^3, environ, pour former une étoile minuscule et très chaude appelée *naine blanche* par les astronomes (*Figure 29*), qui la perçoivent ainsi. Ainsi périra notre Soleil (*Figure 30*). La pression des électrons dégénérés suffit pour soutenir la naine blanche. Les couches extérieures, écartées avec douceur, et excitées par le rayonnement ultraviolet de l'étoile centrale, donneront naissance à un phénomène du meilleur effet visuel. Une nébuleuse de ce genre, issue du Soleil mourant, balaiera ce qu'il restera de la Terre dans 5 milliards d'années. Alors, sous l'effet du vent brûlant, la glèbe et les os de tous les morts ensevelis retourneront à l'espace, sous la forme d'atomes.

Et ce dans une féerie de lumière.

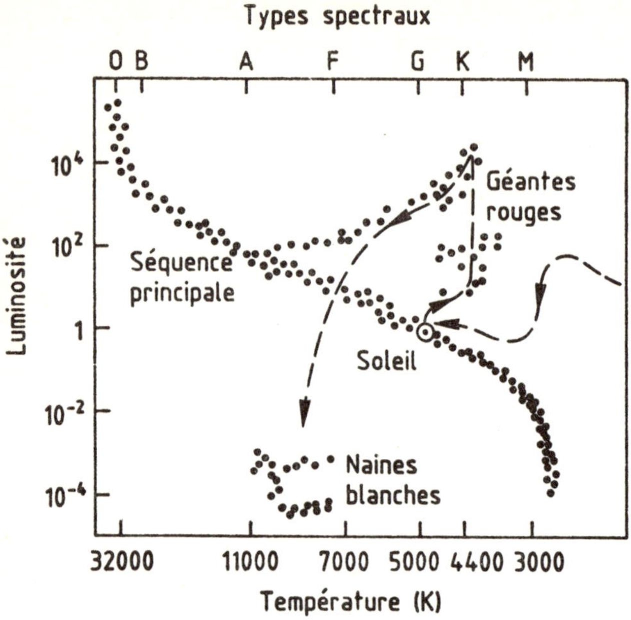

Figure 30. *La course du Soleil dans le diagramme HR : d'abord rouge, puis longtemps jaune, il redeviendra rouge (et lumineux) puis blanc (et peu brillant).*

Par contre, les étoiles dont le cœur dépasse 2 à 3 masses solaires s'effondrent, croit-on, en chute libre. Rien ne peut s'opposer à l'attrait de la matière pour la matière. La gravitation joue à plein, forçant le cœur à se concentrer au-delà de la densité nucléaire (10^{14} grammes par cm^3 environ). Cet effondrement total, sans frein, se solde par la venue au monde d'un objet extraordinaire, un astre dont la lumière elle-même ne peut s'échapper, communément appelé *trou noir* (*Figures 31 et 32*) dont on peut démontrer qu'il n'est d'ailleurs ni trou ni noir, mais que ses bords sont « gris ». Comme il s'agit d'un trou noir dans ma propre connaissance, je n'en disserterai pas davantage. Le lecteur attiré par cette perfection sombre trouvera à se satisfaire dans le livre de Jean-Pierre Luminet, qui s'est penché avec affection sur les astres occlus.

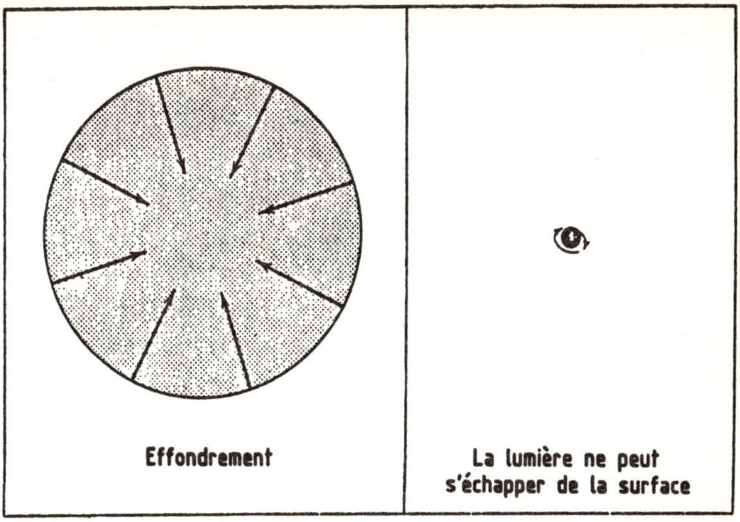

Figure 31. *Comportement de la lumière vis-à-vis de l'étoile au fur et à mesure de l'effondrement.*

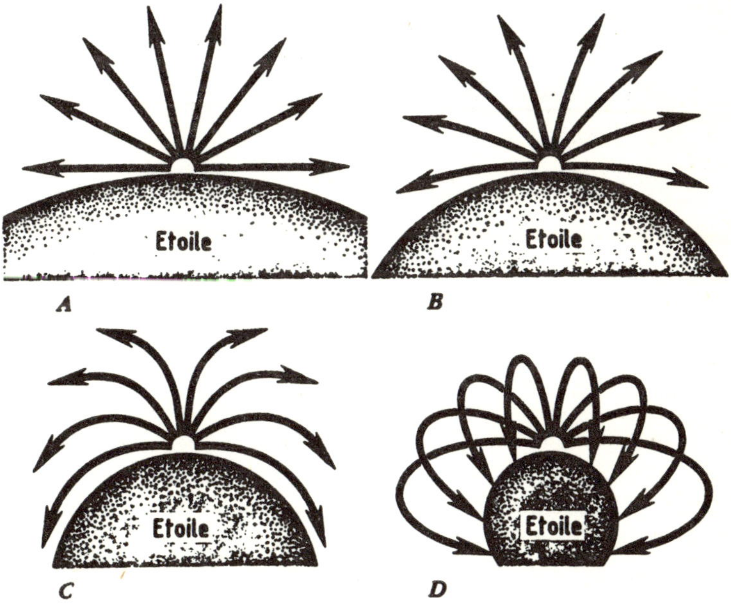

Figure 32. *Formation d'un trou noir stellaire.*

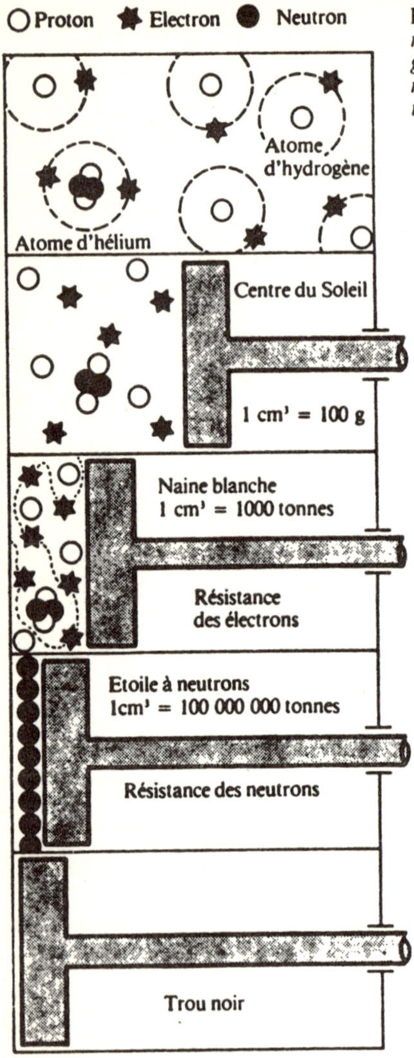

Figure 33. *Les différents états de la matière : successivement gaz neutre, gaz ionisé, gaz d'électrons dégénérés, gaz de neutrons dégénérés et trou noir.*

Dans les cas intermédiaires, où la masse du cœur est comprises entre 1,4 et 2 ou 3 masses solaires, l'effondrement est stoppé, en toute hypothèse, lorsque la densité nucléaire est atteinte, et le produit final est une étoile à neutrons (*Figures 33, 34 et 35*) en rotation rapide, qui pourra être observée, avec un peu de chance, sous l'apparence d'un *pulsar* émettant des signaux réguliers

Figure 34. *Représentation schématique de l'autodestruction d'une étoile massive (explosion de supernova) 1 : étoile préexplosive. 2 : effondrement du cœur. 3 : interaction de l'onde de choc avec l'enveloppe en chute vers le cœur. 4 : éjection explosive de l'enveloppe. 5 : enveloppe en expansion (émission de rayons X, de lumière visible et d'ondes radio). Le cœur effondré est, dans le cas le plus favorable, observable sous l'apparence d'un pulsar.*

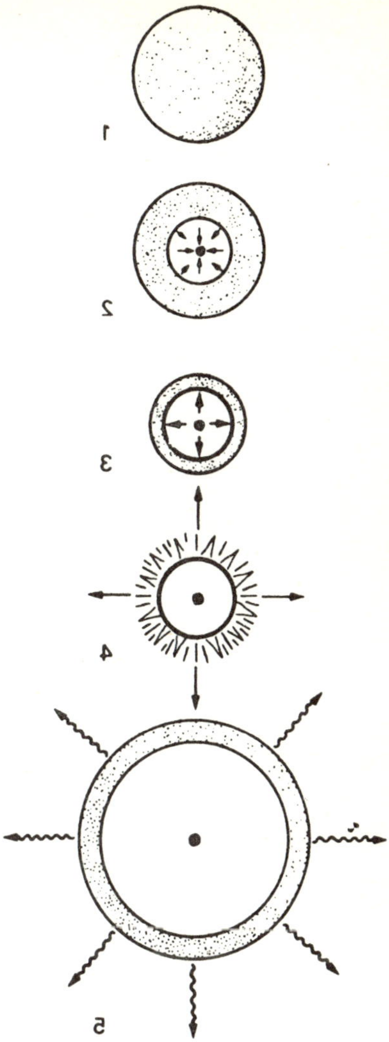

et répétitifs à des intervalles rapprochés d'une fraction de seconde, et ceci sur une large gamme de longueurs d'onde.

L'arrêt brutal de l'effondrement du cœur lorsque la densité nucléaire est atteinte — condition insuffisante pour briser la résistance des neutrons — produit un échauffement gigantesque qui se traduit par une tempé-

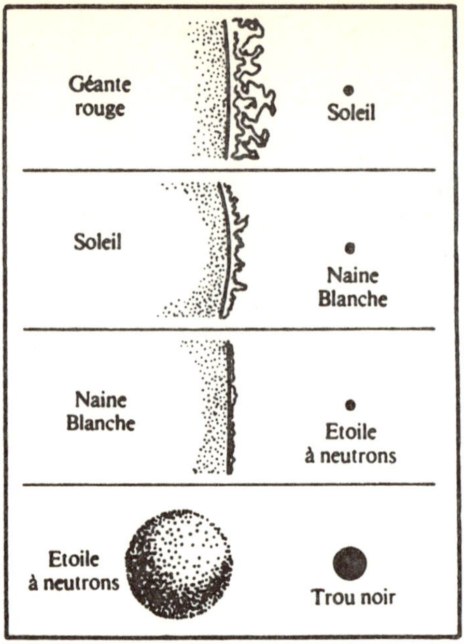

Figure 35. *Rayons respectifs d'une géante rouge (10^{13} cm), du Soleil (7.10^{10} cm), d'une naine blanche (10^{9} cm), d'une étoile à neutrons (10^{6} cm) et de l'horizon d'un trou noir (c'est-à-dire de la zone de non-retour de tout objet qui serait capturé par lui).*

rature de 1 000 milliards de degrés. Ces conditions extrêmes, presque inadmissibles pour la nature, déclenchent en retour une réaction compréhensible de révolte de la matière. Celle-ci génère une *onde de choc* qui, se propageant vers la surface, entraîne la matière, en chute libre sur le cœur, à inverser brutalement son mouvement. Et l'implosion se transforme en explosion, c'est du moins l'image que les astrophysiciens voudraient faire prévaloir. Cette onde de choc, à condition qu'elle soit suffisamment puissante (10^{51} erg, environ), et toute la question est là, éjecte l'enveloppe de l'étoile à plusieurs milliers de km/s : c'est ce que l'on pense observer dans le ciel sous l'apparence d'une supernova. Mais la théorie des explosions d'étoiles reste fort spéculative. On comprend pourquoi : la matière atteint des états si extrêmes que son comportement ne peut être décrit avec certitude. Pour les uns, l'onde de choc engendre une explosion cataclysmique, pour les autres, elle ne fait que s'opposer sans succès à l'effondrement central.

La nature du rebond n'est pas encore totalement élucidée ; c'est une affaire à rebondissement, si j'ose dire. La force du rebond, l'établissement et la propagation de l'onde de choc, ainsi que l'éjection des couches extérieures dépendent de paramètres non encore maîtrisés comme *l'équation d'état* (relation entre pression et densité) de la matière comprimée au-delà de la densité des noyaux d'atomes, et du rôle des *neutrinos* (encore eux !). Selon les écoles de pensée, les neutrinos favorisent l'éjection de matière, ou au contraire amortissent l'onde de choc et inhibent le phénomène explosif.

Mais il nous faut tout de même avancer. Admettons, à titre provisoire, car c'est l'hypothèse la plus fructueuse, la première proposition. La dissipation de l'onde de choc dans la matière périphérique engendre à son tour une température suffisante pour déclencher la combustion explosive des matériaux nucléaires résiduels, tels le silicium, le néon, l'oxygène, le carbone, et dans certains cas l'hélium et l'hydrogène. Ce dernier processus conclut une évolution nucléaire qui avait débuté lorsque l'étoile, toute jeune, avait réchauffé son cœur avec assez d'ardeur pour marier 4 protons et donner naissance, de ce fait, à l'hélium. Cette évolution s'était poursuivie sans heurt jusqu'à l'époque fatale de l'effondrement du cœur qui déclenche l'explosion. Comme un éclair dans un ciel serein une supernova a éclaté, libérant une quantité stupéfiante d'énergie. Plusieurs masses solaires de matière enrichie par l'œuvre de l'étoile sont ainsi éjectées dans l'espace. De ce fait, les étoiles intermédiaires suffisamment massives, mais sans excès, pour échapper tout à la fois au destin de naine blanche et à celui de trou noir, jouent le rôle de pourvoyeur principal de noyaux atomiques.

Suaires d'étoiles

Certaines étoiles signent leur mort en lumière. Ce chant du cygne lumineux est accueilli au cri de « supernova ».

Le phénomène explosif donne naissance à des nébulosités qui figurent parmi les beaux objets du ciel visible, comme la nébuleuse du Crabe, qui abrite de surcroît un pulsar, et semble de ce fait donner raison aux spéculations théoriques rapportées ici. Les vestiges de supernova sont aussi d'intenses sources de rayonnement radio et X. Tout ceci est fort impressionnant mais, quitte à assombrir le tableau, je m'empresse d'ajouter que parmi les supernovae « historiques », c'est-à-dire celles dont les archives astronomiques portent la trace — « Cassiopée A », « Kepler », « Tycho », « le Crabe » et « W1006 » —, seul le Crabe contient à coup sûr une étoile à neutrons, trahie par son émission radio périodique. La nécrologie stellaire est donc loin de donner des résultats probants.

Peut-on prévoir le destin d'une étoile et la date de sa mort ? Des régiments d'astrophysiciens mettent les étoiles en fichier et simulent numériquement au moyen d'ordinateurs puissants la naissance (avec difficulté), l'enfance, la maturité, et la mort de toutes les catégories d'étoiles, des plus légères (0,10 masse solaire) aux plus massives (100 masses solaires) mais ils sont toutefois surpris et émerveillés lorsqu'une étoile explose réellement. Notre incapacité de déceler les signes avant-coureurs d'explosion imminente, disons à l'échelle de quelques années, est pour l'instant totale. Mais de ce fait nous voilà plus disponibles pour analyser avec soin les étapes explosives et post-explosives. Comme des détectives qui voudraient reconstituer les événements, nous ne disposons souvent que de traces et d'indices. Ceux qu'ont retenus les experts pour identifier les explosions d'étoiles passées sont au nombre de trois :

1. Une nébulosité en expansion qui rayonne dans le domaine visible ;

2. Une région étendue d'émission radio particulière (non thermique) ;

3. Une source étendue de rayons X.

Ces trois conditions sont rarement rassemblées. C'est l'émission radio qui apporte le témoignage le plus limpide, car le milieu interstellaire est pratiquement transparent, aux fréquences choisies pour la réception (408 mégahertz par exemple). L'émission optique est entachée de lacunes, en raison de l'effet d'obscurcissement de la poussière interstellaire, elle ne se détache que dans le cas d'objets relativement proches. Quant à l'émission X, elle n'a été que partiellement étudiée, l'effort ayant porté sur les objets les plus spectaculaires. L'émission radio sert donc de référence. Les vestiges radio des explosions d'étoiles furent étudiés dès l'aube de la radioastronomie, immédiatement après la Seconde Guerre mondiale. Le premier objet stellaire identifié à une radiosource, Soleil exclu, fut la nébuleuse du Crabe, vestige de l'explosion de 1054, consignée par les astronomes chinois (*Figure 36*). Et bientôt

Figure 36. *L'étoile invitée de 1054.*

les découvertes se succédèrent, avec ceci en commun que les radiosources émettent un rayonnement dont l'intensité diminue de manière continue lorsque s'élève la fréquence (l'énergie). Le mécanisme responsable d'une telle distribution spectrale fut longtemps considéré comme l'un des mystères majeurs de la radioastronomie. C'est seulement en 1953 que le physicien soviétique Shklovsky démontra qu'il s'agissait du *rayonnement synchrotron* d'électrons relativistes tourbillonnant dans les champs magnétiques ambiants, rayonnement non thermique par opposition à celui qu'engendrent les étoiles chaudes et massives dans les nuages qui les abritent (*Figure 37*).

Figure 37. *L'effet synchrotron.*
Un électron rapide est contraint de se mouvoir sur une orbite hélicoïdale qui s'enroule autour d'une ligne de force du champ magnétique et émet un rayonnement non thermique dans la direction du mouvement de la particule. Ce rayonnement est confiné dans un cône étroit dont l'axe coïncide avec la direction du mouvement.

Une ère nouvelle s'ouvrait, marquée par l'entrée en force dans la théorie astrophysique des particules de haute énergie, encore appelées *rayons cosmiques,* terme générique qui recouvre la pluie de particules de hautes énergies qui ne cesse de s'abattre sur l'atmosphère terrestre.

Outre la distribution spectrale, le profil de brillance des radiosources étendues que sont les vestiges de supernovae est très caractéristique. La topologie est toujours très complexe, mais généralement elle se résout en une structure uniforme d'émission sur laquelle se superpose une coquille plus brillante, comme centrée sur le site originel de l'explosion (*Figure 38*). Une autre caractéristique générale des vestiges radio qui ressort de l'examen des catalogues (une trentaine d'objets pour notre seule Galaxie) est qu'ils se situent à proximité du plan galactique, siège contempo-

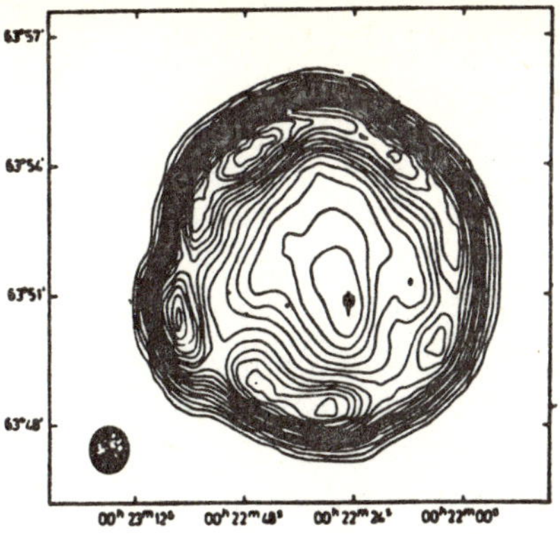

Figure 38. *Topologie d'un vestige d'explosion stellaire observé à la longueur d'onde radio de 408 MHz. Il s'agit ici d'un exemple particulièrement clair. L'émission périphérique est renforcée en raison de la compression du champ magnétique interstellaire par l'enveloppe en expansion éjectée lors de l'explosion hypothétique d'une étoile. Les courbes de niveau (isophotes) sont des lignes qui joignent les points d'égale intensité. De nombreuses supernovae présentent une structure semblable mais souvent plus fragmentée. Une exception marquante est la nébuleuse du Crabe qui est plus brillante au centre que sur les bords.*

rain de la formation des étoiles. Ceci indique très clairement que les étoiles explosives n'ont pas eu le temps, en raison de leur courte existence (et donc de leur forte masse), de s'éloigner beaucoup de leur berceau natal. En comparaison, la distribution des pulsars montre une plus grande dispersion autour du plan galactique. Il en ressort :

1. que les pulsars sont des astres errants de grande vitesse (plusieurs centaines de km/s) ;

2. que les pulsars restent plus longtemps observables que les vestiges de supernovae.

A chaque longueur d'onde sa moisson d'observations. La radioastronomie a déjà inscrit à son tableau plus de 300 pulsars et 130 vestiges de supernovae, mais la liste est loin d'être complète, pour les pulsars notamment, qui deviennent très difficiles à détecter au-delà de quelques milliers d'années-lumière.

Mais laissons là ce ciel couvert pour aller nous dorer au grand soleil des rayons X.

X

Les tout premiers chapitres de l'histoire de l'astronomie X ont été dominés par la découverte d'émetteurs très puissants qui furent bientôt identifiés à des objets compacts accompagnés d'étoiles normales dont ils capturaient la partie la plus externe. Il semble que les chapitres suivants s'ouvrent sur l'observation des vestiges de supernovae émetteurs de rayons X. Les observations de ces objets dans ce registre particulier sont des plus intéressantes, car elles offrent l'opportunité unique de révéler la composition de la matière éjectée par les explosions stellaires, avant même que celle-ci ne se soit diluée dans le milieu interstellaire. Plusieurs vestiges de supernovae ont été ainsi détectés. Le spectre X de ces objets, à l'exception de la nébuleuse du Crabe, qui de nouveau se singularise, est compatible avec l'émission d'un *plasma*, ou gaz ionisé, très chaud (1 à 10 millions de degrés). Sur un fond continu se détachent plusieurs raies d'émission imputables à des éléments lourds très ionisés (c'est-à-dire dépouillés d'une grande partie de leurs électrons).

Les spectromètres à bord des satellites « Einstein » de la NASA et « Exosat » de l'Agence Spatiale Européenne (ESA) ont été spécialement conçus pour détecter les raies d'émission du silicium, du soufre, de l'argon, du calcium et du fer très ionisés, raies qui se situent dans la gamme de 1 à 4 kiloélectron-volts (keV). A chaque œil son objet et à chaque objet son œil ! La lunette à la Lune et le télescope X au cadavre encore chaud des étoiles déchirées.

Trois des supernovae historiques ont été récemment observées, Cassiopée A (Cas A), Tycho et Kepler. On ne peut prétendre que toutes résultent du scénario décrit précédemment, car il existe une possibilité tout autre d'entraîner l'autodestruction des étoiles, qui celle-ci met en scène une naine blanche gourmande avalant la substance de son compagnon. Inondée de matière, alourdie par son gain, elle passe les limites de la « décence » stellaire, c'est-à-dire 1,4 masse solaire. Et la voici s'effondrant pour exploser aussitôt sous l'effet du feu d'enfer qu'elle suscite en son cœur, brûlant furieusement le carbone qui s'y était blotti...

L'événement se solde par un cri de lumière qu'on aperçoit jusque dans les galaxies éloignées. Cette tragédie est censée produire des quantités considérables de fer presque pur... selon, bien sûr, quelques esprits passionnés par cette forme de suicide passionnel.

Toujours est-il que nos trois objets présentent des caractéristiques communes : le spectre continu est celui d'un gaz chauffé à quelques millions de degrés et les raies d'émission qui se détachent de ce fond continu indiquent une surabondance marquée de silicium et de soufre. Il est cependant très difficile d'être plus quantitatif. Assez curieusement, les raies d'émission du magnésium et du fer sont absentes ou peu apparentes. Peut-être sont-elles masquées ? Les théoriciens sont encore perplexes...

L'histoire récente de la quête de l'étoile dans l'invisible est donc celle des percées héroïques, des succès brillants, mais c'est aussi celle du renoncement à l'abstraction à outrance et à l'illusion de tout expliquer au sein d'un modèle unique et cohérent. Les grands pas font parfois trébucher. C'est une histoire pleine d'injustices, de dérapages, de frustrations et de coups de chance, aussi bien que d'efforts désespérés. En bref, c'est une histoire humaine.

Une étoile à neutrons tournante et fortement magnétisée[1]

Il y a soixante siècle environ, une étoile massive, au bord extrême de notre Galaxie, s'écartelait dans une

1. Cette introduction est partiellement inspirée d'un article de Malvin A. Ruderman paru dans le recueil *Highlights of Modern Astrophysics*.

apothéose de lumière, projetant ses débris dans le vide interstellaire à plusieurs milliers de kilomètres par seconde. Pendant une semaine, l'étoile éclatée rayonna comme dix milliards de soleils, comme pour narguer la Galaxie entière. 5000 ans après, la lumière arrivait sur la Terre en provenance d'un point de ce que nous appelons constellation du Taureau, à la pointe d'une corne. C'était le 4 juillet 1054. Apercevant l'étoile nouvelle, l'astrologue-astronome de la cour de Chine fit aussitôt son rapport à l'empereur Sung. Il lui tint à peu près ce langage : « Me prosternant devant Votre Majesté, je viens ici annoncer la venue d'une invitée stellaire... Le fait que l'invitée stellaire n'empiète pas sur la maison de la Lune dans le Taureau et sa grande brillance signifient qu'il est en ce royaume une personne de grande sagesse et de grande vertu. Je demande respectueusement que ces faits soient rapportés dans le Livre des Événements Historiques. »

Ainsi fut fait. L'histoire ne dit pas ce qu'il advint de l'homme sage et vertueux, donc secret, mais qui de fait avait cessé de l'être, mais la date d'apparition et la position de la nouvelle super-étoile furent ainsi consignées et léguées aux générations futures.

Étrangement, aucun registre européen ne porte mention de l'événement céleste, d'une ampleur telle, cependant, qu'il resta visible pendant près d'un mois en plein jour et deux ans la nuit tombée. Certes, ce coup de griffe au ciel pur et incorruptible d'Aristote, qui régnait sur les esprits du temps, n'était pas pour plaire aux théologiens. Mais cette flétrissure purement symbolique n'explique pas l'absence totale de commentaire sur l'apparition d'une source de lumière fixe dans l'espace mais variable dans le temps, phénomène marquant s'il en est. Les autodafés, nombreux à l'époque, sont-ils la cause de ce silence ? On peut le supposer. Il est à gager cependant que dans les pages d'un vieux grimoire, un beau jour la nouvelle étoile fera sa réapparition. Cherchez, amis, cherchez donc les étoiles dans les livres.

D'autres les cherchent bien dans les caves, chasseurs de neutrinos, que nous retrouverons à l'œuvre très bientôt. Ainsi l'astronomie se fait non seulement en jetant le regard dans l'espace, ou en tendant des pièges sous la terre aux êtres invisibles, mais aussi en fouillant la mémoire des hommes. L'étoile invitée s'éclipsa donc poliment au bout de deux ans pour ne réapparaître que six siècles plus tard, prise dans les lunettes et télescopes des astronomes. Ainsi Messier, en l'an de grâce 1758, la prit pour la comète de Halley. Les apparences de l'objet étaient certes propres à abuser les amateurs de belles chevelures célestes, mais la véritable comète fit bel et bien son entrée majestueuse quatre mois plus tard. Notre astronome en fut marri, et, pour éviter à ses collègues la déconvenue qu'il venait de subir, honora l'étoile de Chine de la première place dans son catalogue de tout ce qu'il faut éviter de prendre pour une comète, car la gloire en son siècle était justement de donner son nom à ces apparitions fugaces mais répétitives. M 1, depuis lors, désigne le Crabe.

Armé d'un télescope de taille exceptionnelle pour l'époque, Lord Rose observa en détail les cornes du Taureau et la région avoisinante.

L'étoile de 1054 prit dans son télescope l'apparence d'un petit nuage brillant en forme de pince de Crabe. Il lui donna donc le nom qu'on lui connaît : la nébuleuse du Crabe. Ce crustacé énigmatique fut l'objet le plus observé du ciel, du moins jusqu'en 1987, Annus Mirabilis de l'astrophysique, qui a vu poindre sa propre étoile dans le Grand Nuage de Magellan. Ceci vaut bien davantage qu'un modeste salut, nous y reviendrons tout spécialement dans quelques pages.

Mais il fallut attendre l'application des techniques de la photographie à l'astronomie pour que la vraie nature de la nébuleuse soit enfin appréhendée.

C'est un nuage de gaz illuminé de l'intérieur, dont la taille actuelle est de 6 années-lumière et qui s'étend à la vitesse de 2000 kilomètres par seconde. Sa lumière ne ressemble à celle d'aucune étoile.

Pendant que certains fouillaient l'Univers avec leurs télescopes, d'autres l'exploraient dans le champ clos de leur laboratoire. En 1932 le neutron entrait en scène de manière non moins fracassànte que la supernova. La découverte de l'Anglais Chadwick se propagea comme une traînée de poudre. A Copenhague devisaient les grands physiciens Bohr et Landau. A la nouvelle, ils changèrent aussitôt de conversation. Très inspiré, Landau le soir même en vint à suggérer que certaines étoiles pouvaient être composées presque exclusivement de neutrons[1]. Un an après, à Pasadena, en Californie, les astronomes Baade et Zwicky proposèrent que l'explosion des étoiles massives laisse subsister des résidus compacts en forme de cadavres sphériques. L'idée d'*étoile à neutrons* était promise à un grand avenir. Pointant le doigt vers la nébuleuse du Crabe, ils la désignèrent comme l'écrin de l'hypothétique étoile. Mais comment la distinguer ? Toutes les étoiles se ressemblent, ce ne sont, vues de loin, que des points...

Les théoriciens, dont Robert Oppenheimer, avaient estimé la masse et la taille d'un tel objet, mais rien de plus : une étoile à neutrons, pour des raisons de stabilité qui lui sont propres, ne peut dépasser 10 km de rayon, soit un cent millième du rayon solaire, alors que sa masse est comparable à celle du Soleil. Il en ressort que la *densité* moyenne d'un tel astre (c'est-à-dire sa masse par unité de volume) est 10^{15} fois supérieure à celle du Soleil ! Par voie de conséquence son champ de gravitation se voit conférer des proportions considérables. C'est, en somme, un objet intermédiaire entre

1. L'interprétation de l'étoile à neutrons en tant que noyau d'atome géant n'est qu'approximative. Les couches superficielles sont en fait occupées par des agrégats de protons et neutrons, certes riches en neutrons, qui ressemblent de plus en plus à des noyaux d'atomes ordinaires au fur et à mesure qu'on se rapproche de la surface. Le fer y serait dominant. Les couches les plus profondes sont composées de matière nucléaire inhabituelle, selon toute probabilité.

étoile et trou noir. Plusieurs astrophysiciens, dont Hoyle et Woltjer, en vinrent à suggérer que la formation d'un objet aussi dense requiert l'effondrement d'une étoile, et qu'au cours de cette implosion le *champ magnétique* stellaire doit être extraordinairement comprimé et donc amplifié. Sur ce, Pacini, fort à propos, fit remarquer qu'une étoile à neutrons toute neuve formée par l'implosion d'une étoile (ou de la partie centrale de celle-ci) se doit de tourner très rapidement, ceci en vertu de la sacro-sainte loi de conservation du moment angulaire qu'expérimentent les patineurs : tendez les bras, si vous tournez sur vous-même vous ralentirez ; ramenez les bras, vous tournerez plus vite. Un aimant tournant dans le ciel, se dit Pacini, ce n'est rien d'autre qu'une dynamo, et donc une source d'énergie pour la nébuleuse environnante. Finement raisonné !

Mais toutes ces spéculations restaient lettre morte. Enfin vint le jour (la nuit ?) où le premier *phare céleste* ou *pulsar* se manifesta à l'attention des radioastronomes Bell et Hewish, qui, par hasard ou pour d'autres raisons, excellentes au demeurant, promenaient leurs antennes dans la bonne direction. Le langage haché du pulsar (il ne pulse pas, il tourne !) fut promptement interprété comme la manifestation d'une étoile à neutrons magnétisée et tournante (*Figure 39*). Le rayonnement particulier ressemblait à celui qu'induit la circulation d'électrons rapides dans un champ magnétique intense. On le voit se manifester dans les *synchrotrons,* grands accélérateurs de particules construits sur notre planète à des fins d'étude profonde de la nature. Parmi les pulsars dénombrés était l'étoile centrale de la nébuleuse du Crabe, dont les hoquets se succèdent à la cadence folle de 30 par seconde. Aucune autre interprétation que celle de l'étoile à neutrons ne supporte une telle frénésie. L'objet est en rotation si rapide que la force centrifuge l'aurait détruit instantanément s'il avait été autre. En d'autres termes, seul le champ de gravitation d'une étoile à neutrons peut s'opposer à la dispersion de la matière sous l'effet de la formidable force centrifuge engendrée par la rotation ultra-rapide. De surcroît l'énergie rayonnée par l'étoile centrale suffit à rendre compte de la luminosité de la nébuleuse entière.

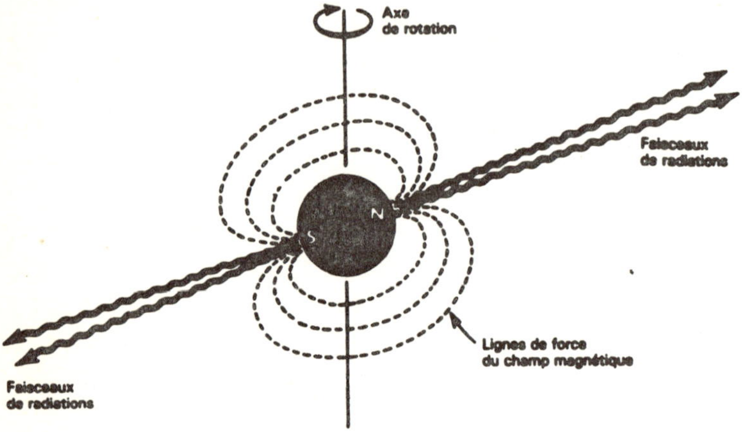

Figure 39. *Le pulsar, un phare céleste. En tournant sur lui-même, il arrose la Terre de rayonnements que nous percevons à intervalles réguliers.*

L'objet central de la nébuleuse fut ensuite détecté en optique, où il rayonne faiblement, plus nettement en rayons X, et enfin en rayons gamma. Le phare à éclipse est observable dans toutes les longueurs d'onde, et toujours à la même fréquence de 30 éclairs toutes les secondes.

Un objet équivalent a été observé dans la nébuleuse de la Voile, qui a toutes les apparences d'un vestige de supernova. Ainsi, parmi les sept explosions de supernovae enregistrées au cours du dernier millénaire, deux seulement ont produit des nébuleuses semblables au Crabe. Parmi les 36 vestiges d'explosion situés à moins de 15000 années-lumière, scrutés par le plus performant des télescopes X satellisés (baptisé « Einstein »), seulement six présentent une source centrale. Les 30 qui restent ne se manifestent que par le rayonnement caractéristique de la matière balayée par l'onde de choc engendrée par l'explosion initiale, mais aucune activité centrale résiduelle ne se manifeste. Le taux de naissance des étoiles à neutrons hautement magnétisées, en rotation rapide comme les pulsars du Crabe et de la Voile, que l'on peut déduire de ces considérations nécrologiques, laisse supposer l'existence d'une population galactique de 100 millions de sujets, soit environ une étoile sur mille. Mais 100 pulsars seulement sont maintenant répertoriés. Les pulsars ont une existence relativement brève, comparée à celle des étoiles, de l'ordre du million d'années. Au-delà, leur source d'énergie s'épuise. Les étoiles à neutrons n'en disparaissent pas pour autant, mais elles ont atteint la stabilité du tombeau et restent définitivement muettes, c'est-à-dire indétectables. Les vestiges de supernovae (« *supernova remnants* ») abondent également. Ce sont, nous l'avons dit, de grandes nébulosités de gaz en expansion associées le plus souvent à des radiosources annulaires, dont la morphologie porte le témoignage d'une explosion passée en leur centre. Plus de 100 vestiges ont été dénombrés dans la seule Voie Lactée. La durée de cette phase nébulaire est inférieure au million d'années. Mais il n'existe pratiquement aucun recouvrement (à quelques exceptions près) entre pulsars et vestiges de supernova. Quelques rares pulsars résident à l'intérieur de vestiges, et quelques rares vestiges présentent un pulsar en leur centre. Nous sommes donc loin de pouvoir associer tous les pulsars détectés avec des vestiges de supernovae, et ceci ne cesse de nous préoccuper. Existe-t-il une manière non violente de former des étoiles à neutrons ? certaines échappent-elles à la magnétisation forcée ? le champ magnétique fuit-il ou décline-t-il avec l'âge des étoiles à neutrons ? les pulsars animés de vitesses élevées ont-ils abandonné pour la plupart le lieu de l'explosion ? Autant de questions qui n'ont pas encore trouvé de réponse définitive.

Les étoiles de Tycho et Johannes

Du onzième au seizième siècle aucun invité céleste de marque ne frappa aux portes de la nuit, les seules altérations de sa sérénité furent si légères qu'elles n'intéressent que les amateurs de comètes ou de novae, phénomènes sans aucune commune mesure avec les somptueux cataclysmes stellaires que nous nommons après Zwicky « supernovae ». Le ciel fut de nouveau visité en 1572. Cette fois la constellation de Cassiopée fut le théâtre de ce jaillissement lumineux. Les chroniques d'Extrême-Orient en portent témoignage, mais la description de l'événement est infiniment moins riche d'enseignement que celle qu'en donna le grand astronome danois Tycho Brahé. Les temps avaient changé. La Renaissance redonnait ses lettres de noblesse à l'astronomie. L'étoile opportune fit irruption à une époque critique du développement de la science en Europe en un siècle où la cosmologie médiévale vacillait sur son socle. Tycho avait alors vingt-six ans, et la supernova n'est pas pour rien dans sa gloire. Il allait, courtoisement mais fermement, démontrer que la 8e sphère, celle des étoiles fixes, et présumées parfaites et éternelles, est le théâtre d'événements scandaleusement temporels.

La nouvelle étoile jetait des feux impressionnants. Aussi brillante que Vénus, il était, par beau temps, aisé de l'observer, d'autant que Cassiopée est l'une des constellations les plus familières, car ses étoiles principales forment la lettre W, très facile à repérer. Quand le ciel était clair, un œil exercé pouvait la distinguer en plein jour, même à midi.

Lorsque l'étoile fit son entrée, Tycho venait de terminer un nouveau sextant gradué en minutes d'arc. Avec cet instrument, il procéda à des mesures extrêmement soignées, comme à son habitude, et ceci sur des périodes de plusieurs mois, interrompues, bien sûr, par les intempéries, Tycho mesura la distance de l'objet par rapport aux étoiles voisines de la constellation de Cassiopée, compara son éclat à celui des astres environnants et nota soigneusement ses variations de couleur. A partir des indications de l'astronome danois, il est possible de tracer une *courbe de lumière* (variation de l'éclat avec le temps) remarquablement précise. Celle-ci possède les particularités de ce que les astronomes modernes appellent une supernova de type I.

Elle resta aussi brillante que Vénus tout au long du mois de novembre. Puis elle déclina de manière continue jusqu'à s'évanouir dans la nuit, mais sa mémoire fut pieusement conservée, si bien que lorsque l'émission radio du vestige de l'étoile de 1572 fut détectée en 1952 par Hanbury-Brown et Hazard, deux fins observateurs anglais, personne ne fut véritablement étonné. Cette découverte ne doit rien au hasard, car le ciel fut scrupuleusement fouillé dans l'intention bien précise de déceler le rayonnement invisible des ruines de l'étoile de Tycho.

L'image prise ultérieurement dans le registre des rayons X témoigne de l'émission thermique du gaz interstellaire chauffé à plusieurs millions de degrés par l'onde de choc induite par l'explosion, et ce n'est pas non plus une surprise. La supernova de Tycho brille donc par sa cohérence.

En 1596, Tycho Brahé quitta son Danemark natal pour aller s'installer à Prague, au titre de Mathématicien Impérial de Bohême. Il fut bientôt rejoint par un jeune homme du nom de Johannes Kepler, né quelques mois à peine avant l'apparition de l'étoile nouvelle qui avait rendu Tycho fameux. Fait unique dans l'histoire de l'astronomie, Kepler, à l'instar de son aîné, allait être le témoin d'un nouveau cataclysme stellaire, prenant place cette fois dans la constellation du Scorpion. Le maître avait été gratifié d'une supernova, et l'élève le fut pareillement. Qui plus est, les deux événements présentaient de grandes similitudes.

Le nouveau jaillissement lumineux allait se manifester en 1604, son apparition ne précédant que de 5 ans l'irruption du télescope, il faut le regretter. Tycho reposait sous la terre. Lui succédant dans la fonction de Mathémathicien Impérial de Bohême, Kepler fit des observations détaillées du phénomène, qui permettent de dire que cette supernova, comme celle qui l'avait précédée, correspond presque certainement au type I. Il ne fut pas le seul à l'épier, les astronomes coréens firent un rapport minutieux, nuit par nuit, de la position de l'objet et de sa brillance par comparaison avec celle des planètes et étoiles voisines, telles Jupiter (« l'étoile de l'année »), Vénus (« l'étoile de métal »), Mars (« l'étoile de feu ») et Antarès. La même position invariablement est rapportée nuit après nuit, pendant près de six mois, ce qui permet définitivement d'affirmer qu'il ne s'agit pas d'une comète.

Bien longtemps après, les lambeaux de l'étoile furent officiellement identifiés. Sur les traces de l'étoile explosée on trouva une superbe radiosource qui porte le nom de code G4.5 + 6.8. La morphologie de la région émissive révèle une structure en coquille caractéristique des vestiges de supernovae. Le spectre radio, quant à lui, porte la marque de l'effet synchrotron, comme on s'y attendait.

L'étoile de Kepler, tout comme sa sœur céleste, l'étoile de Tycho, ou ce qu'il en reste, rayonne des photons X qui dessinent une image édifiante, agrémentée d'un spectre. On y lit une température de plusieurs millions de degrés et une contamination de la matière en noyaux lourds. La proportion des divers atomes est cependant très difficile à établir, car le milieu est encore dans un état fort perturbé.

Aucune supernova n'a été observée dans notre Galaxie depuis le temps de Kepler. La radiosource la plus puissante du ciel, Cassiopée A (Cas A), située environ à 10000 années-lumière, possède une structure en coquille révélatrice de sa qualité de vestige de supernova. Son spectre, non thermique, est également évocateur de la progression d'une onde de choc dans le milieu interstellaire, accompagnée de l'accélération d'électrons et de la compression du champ magnétique ambiant. On pense que cet objet résulte de l'explosion d'une étoile qui se serait produite il y a 2 ou 3 siècles. Cependant, cette explosion ne semble avoir laissé aucune trace dans les mémoires. Aucun texte n'en fait mention. Une explication possible est que la déflagration s'est produite dans une région particulièrement opaque du ciel, derrière un nuage interstellaire. Mais certains préfèrent penser que l'explosion proprement dite n'a rien donné d'observable depuis la Terre. Cette non-détection reste somme toute bien mystérieuse.

Les supernovae historiques que nous avons pris à cœur de discuter jusqu'ici ont explosé à des milliers d'années-lumière de la terre, mais, si l'une venait à se désintégrer à moins d'une centaine d'années-lumière de nous, le rayonnement X et gamma engendré détruirait sans l'ombre d'un doute la fine couche d'ozone qui protège la surface de la planète des dangereux rayons ultraviolets du Soleil. Les molécules d'ADN qui transmettent notre patrimoine génétique sont spécialement sensibles à cette forme de radiation. L'irradiation X et gamma, au mieux, aurait pour résultat un accroissement du taux de mutations, et au pire il détruirait une grande partie de la vie existante. Les astronomes calculent qu'une supernova tous les 60 millions d'années, environ, devrait exploser à moins de 100 années-lumière de la Terre. Depuis des siècles, donc, les astronomes du monde entier rêvaient de voir apparaître une étoile nouvelle et d'être les témoins privilégiés mais relativement lointains de l'un des spectacles les plus grandioses de l'Univers. Nos contemporains se déclaraient prêts à mettre toutes les ressources de la technologie moderne à profit pour dévoiler les secrets des autodestructions stellaires. Mais aucune supernova proche ne venait honorer le ciel. Aujourd'hui c'est toute la planète Terre qui se tourne vers le Grand Nuage de Magellan, le Sud avec ses télescopes, le Nord avec ses détecteurs de neutrinos, car l'événement longtemps espéré est advenu.

Mort en lumière dans le Grand Nuage de Magellan

Certaines étoiles, et non des moindres, périssent en apothéose, comme en témoigne la manifestation lumineuse de leur disparition. Plusieurs centaines de décès célestes ont été portés sur les registres jusqu'ici, mais aucun depuis quatre cents ans n'a été enregistré dans notre Galaxie.

Et voici que le ciel du Sud s'enrichit d'une nouvelle étoile de mort. Le fait est d'importance : il s'agit de la première explosion stellaire visible à l'œil nu de l'ère moderne. Ne la cherchez pas dans la nuit, elle ne peut être observée que depuis l'hémisphère austral. L'apparition de la supernova de Février dans le Grand Nuage de Magellan, baptisée prosaïquement 1987 A, car c'est la première de l'année, a été saluée dans la communauté astronomique avec tant de chaleur que la comète de Halley, elle-même, en a pâli. L'événement est si exceptionnel que *Time Magazine* lui a fait l'honneur de sa couverture et que le journal *Libération* lui a consacré plusieurs pages. Pour les définir en un mot, si cela était encore nécessaire, les supernovae sont des événements cataclysmiques caractérisés par la libération soudaine d'une quantité gigantesque d'énergie. Elles sont regroupées habituellement sous deux appellations que l'on distingue selon des critères spectroscopiques et lumineux. Le type I se reconnaît à l'absence de raies d'hydrogène dans le spectre et à une évolution de la luminosité, ou courbe de lumière, très particulière. L'intensité de la lumière visible augmente, passe par un maximum, retombe rapidement puis décline de façon exponentielle, pour s'éteindre au bout de 250 jours environ. Le type II, plus flou, présente des raies d'hydrogène et se distingue du premier par une intensité au maximum de luminosité 5 à 10 fois plus faible et une décroissance plus douce (*Figure 40*). A chaque type correspond, selon les modèles élaborés par les astrophysiciens, un mode d'explosion. Pour le premier, on invoque la combustion nucléaire explosive d'une naine blanche inondée par sa proche compagne. Le second, dont nous avons abondamment parlé, est associé à l'effondrement du cœur en cendres des étoiles massives, à sa transformation en étoile à neutrons, et au rebond des couches externes, plus élastiques, sur ce cœur solide transformé en fronton. Dans ce second cas, le dégagement d'énergie, estimé à 10^{53} erg (10^{28} bombes nucléaires de 1 mégatonne), se solde, si la théorie est bonne, par l'émission d'un rayonnement extrêmement intense de neutrinos (99 % de l'énergie). L'éjection des fragments de l'étoile consomme apparemment 1 % de cette énergie, soit 10^{51} erg et l'émission lumineuse seulement 1 dix millième.

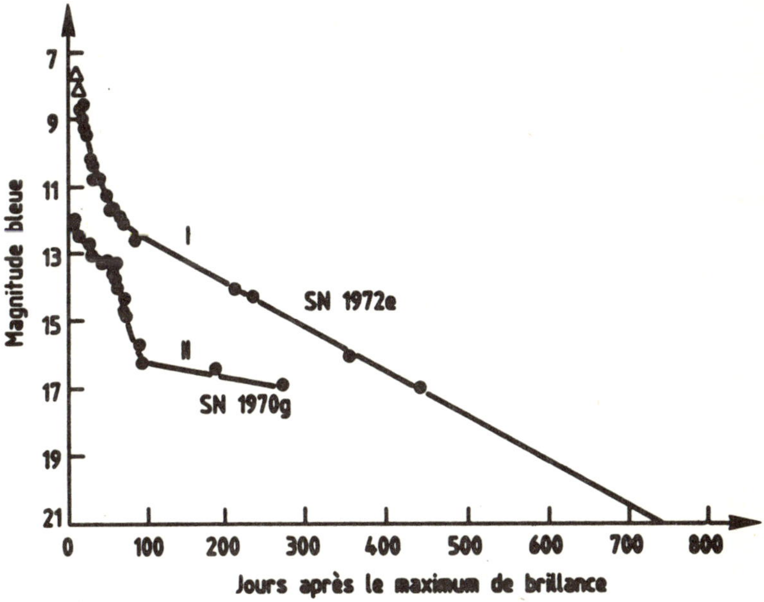

Figure 40. *Courbes de lumières typiques : Les supernovae de type I, dont SN 1972e est un parfait représentant, sont plus brillantes et plus durables que les supernovae de type II, illustrées ici par SN 1970 g.*

L'apparition d'une supernova dans une galaxie donnée est extrêmement rare. On pallie cette carence en observant beaucoup de galaxies. En moyenne, une supernova apparaît dans l'une d'entre elles tous les 30 ans, voire tous les 50, si l'on se fie aux observations des galaxies spirales massives, semblables à la Voie Lactée.

Johannes Kepler fut le dernier à pouvoir observer à l'œil nu ce qu'il crut être une étoile de plus, et qui était en fait une étoile de moins. L'étoile nouvelle était donc attendue depuis 400 ans. Elle fit enfin sa splendide apparition à la fin de l'hiver 1986-1987. La supernova de Février ne réside pas dans notre Galaxie, mais à 20 minutes d'arc, environ, au sud-ouest de la grande nébuleuse magellanique de la Dorade, ou Tarentule. Elle est toutefois si proche (170 000 années-lumière) qu'on peut l'étudier en détail, et ceci au moyen de la technologie la plus sophistiquée déployée au sol et dans l'espace. Une moisson exceptionnelle d'informations est donc prévisible dans un proche avenir, dans tous les registres de rayonnements, depuis les ondes radio jusqu'aux photons gamma. La supernova de Février 1987 sera sans nul doute l'objet le plus observé du ciel pendant les prochaines décennies, détrônant ainsi la nébuleuse du Crabe. Depuis sa découverte par l'astronome canadien Ian Shelton, la ronde des astronomes se poursuit, ininterrompue, dans tous les observatoires de l'hémisphère austral. La moitié de la Terre est tournée vers le Grand Nuage de Magellan. L'observatoire européen de l'ESO (European Southern Observatory) à La Silla (Chili), l'observatoire interaméricain de Cerro Tololo, et l'observatoire anglo-australien de Nouvelles-Galles du Sud ont bouleversé tous leurs programmes pour accueillir l'étoile nouvelle. Quant aux satellites, ils sont fréquemment pointés vers elle. Un certain nombre de représentants des observatoires français ont eu la chance de participer aux premières observations, dont

Danielle Alloin de l'Observatoire de Meudon, Alfred Vidal-Madjar et Michel Denefeld de l'Institut d'Astrophysique de Paris. Sur la base des données accumulées jusqu'ici, une courbe de lumière a pu être dressée, remarquablement plate.

La signature lumineuse semble bien différente de celle des deux grands archétypes. SN 1987 A est résolument d'un troisième type. Après une montée de quelques jours, la lumière stagne depuis près de 4 mois.

La luminosité correspondante est 100 fois plus faible que celle d'une supernova de type I, au maximum de sa brillance, mais elle est tout de même 200 millions de fois supérieure à celle du Soleil.

L'hydrogène est clairement présent dans le spectre, ce qui, si l'on met de côté la courbe de lumière, apparente 1987 A à une supernova de type II. Le décalage vers le bleu des raies d'absorption et vers le rouge des raies d'émission, dû à l'*effet Doppler*, correspondait à une vitesse d'expansion de 17 500 km/seconde au tout début de l'observation. A ce régime, l'enveloppe devrait couvrir, au bout d'un an, un angle de un quart de seconde d'arc, mais la vitesse décroît déjà.

La couleur de l'objet varie avec le temps, car celui-ci se refroidit sous l'effet de la dilatation. Il rougit progressivement, mais plus rapidement que la normale. Au fil du temps les observateurs ont assisté à une intensification du rouge et de l'infrarouge au détriment du bleu et surtout de l'ultraviolet. Le 6 mars 1987, la température de surface était presque identique à celle du Soleil (5 800 degrés).

Le spectre ultraviolet enregistré par le satellite IUE (International Ultraviolet Satellite) est également anormal. L'évolution de la courbe de lumière UV est beaucoup plus rapide que celle de toutes les supernovae de type I observées jusqu'alors. Bien que le flux décroisse sur toute la gamme ultraviolette, le déclin est cependant moins prononcé aux longueurs d'onde les plus élevées, mais cette décroissance régulière indique que le maximum de la courbe de lumière UV a échappé à l'observation. Outre l'hydrogène, les spectres enregistrés, tant dans l'infrarouge, le visible, que l'UV, révèlent la présence d'une grande variété d'éléments chimiques dépossédés à des degrés divers de leurs électrons et donc dans des états d'ionisation différents. Ces données devraient permettre de restituer la composition de la matière éjectée. La comparaison avec celle du Soleil sera édifiante pour les spécialistes de la nucléosynthèse. Mais l'interprétation de ces spectres est délicate, surtout s'agissant de la partie UV, où se mêlent absorption et émission, et nécessitera un long travail d'analyse.

Sur le site de l'explosion résidait une supergéante bleue de type B3 I, pour les initiés, cataloguée sous le nom de Sanduleak - 69 202. L'élongation vers le nord-ouest de l'image de cette étoile laissait cependant soupçonner la présence d'un compagnon proche, 6 fois plus faible environ, et de couleur comparable.

Mais cette étoile et, sûrement, sa voisine étaient encore bien vivantes, si l'on en jugeait par les premiers clichés pris par le satellite IUE, alors que la luminosité de la supernova avait suffisamment décru pour que se manifestent à nouveau les étoiles de la région. Le 2 mars, le spectre enregistré entre 1 150 et 1 600 angström était similaire à celui d'une supergéante B. Pour l'heure, il fallut donc en conclure que l'étoile mère était invisible ou presque, du moins avec les moyens d'observation disponibles. Mais, depuis, les observateurs sont revenus sur leurs données. Ils ont découvert qu'il n'y avait pas deux étoiles bleues dans le champ exploré par IUE, mais bien trois ! L'étoile bleue qui continue de briller puissamment n'est pas Sanduleak, mais son sosie. C'est devenu une quasi-certitude. Une chose est certaine, le précurseur du cataclysme n'est pas la supergéante rouge que la théorie désignait comme candidat favori à l'explosion.

Quant à un éventuel vestige compact qui subsisterait sur les traces de l'étoile défunte, comme dans la nébuleuse du Crabe, la recherche des variations rapides de brillance, aptes à révéler la présence d'une étoile à neutrons en rotation rapide, en d'autres termes un pulsar, est restée jusqu'à présent infructueuse dans le domaine optique. Par ailleurs, le satellite japonais Astro-C (Ginga), dévolu à l'observation des rayons X, a observé sans succès le ciel dans la direction de SN 1987 A. Il était cependant apte à détecter toutes les sources 250 fois moins brillantes que le Crabe dans la bande de 1 à 30 keV.

Peut-être ces observations venaient-elles trop tôt ? Il est en effet raisonnable de penser que les débris de l'étoile masquent encore le pulsar. Toujours est-il qu'une batterie de télescopes, radiotélescopes et détecteurs satellisés s'apprêtent à fouiller la région. Au fur et à mesure que l'enveloppe se dissipe, les chances de découverte s'accroissent.

Des campagnes d'astronomie X et surtout gamma au Brésil et en Australie se préparent dans la hâte, auxquelles participent les laboratoires spatiaux français tels le Service d'Astrophysique de Saclay et le Centre d'Étude Spatiale des Rayonnements de Toulouse.

La brillance extraordinaire de l'objet (100 fois supérieure à l'ordinaire), due à son rapprochement, a d'ores et déjà permis de révéler, par le biais de la lumière absorbée, la texture gazeuse du milieu qui nous sépare de la supernova. Entre elle et nous, un grand nombre de nuages interstellaires ont été découverts par Alfred Vidal-Madjar et ses collaborateurs, non seulement dans le Grand Nuage de Magellan et dans notre Galaxie, mais également, semble-t-il, dans l'intervalle qui les sépare. La finesse des observations obtenues sur le Grand Nuage de Magellan au moyen du spectrographe de haute résolution monté sur le télescope CAT de 1,40 m de l'ESO est sans équivalent. Les éléments sodium, calcium et potassium ont laissé une signature claire.

L'explosion de la supernova 1987 A offre une occasion unique de mettre à l'épreuve des faits la théorie, fort spéculative, de la formation des étoiles à neutrons et du déclenchement de l'explosion des étoiles massives. En particulier, on peut chercher à vérifier la prédiction selon laquelle la presque totalité de l'énergie gravitationnelle dégagée par l'effondrement est rayonnée en moins d'une dizaine de secondes sous la forme d'une nuée de 10^{58} neutrinos de 10 à 15 MeV d'énergie en moyenne. Pour se refroidir, en effet, l'étoile à neutrons devrait émettre une quantité gigantesque de neutrinos et antineutrinos de toutes espèces, ainsi le veut la théorie. Ceux-ci, étant parvenus à s'échapper du cœur de l'étoile, ne devraient avoir aucune peine à traverser la Terre, car ils n'interagissent que très faiblement avec la matière habituelle. Si bien que, la planète ne faisant pas écran, les détecteurs souterrains de neutrinos, tous situés dans l'hémisphère Nord, seraient susceptibles d'enregistrer un signal.

Quelques heures avant la découverte de l'émission lumineuse, quatre expériences enregistraient, en effet, une série de signaux, une dizaine, groupés dans un intervalle de quelques secondes. Trois d'entre elles, Kamiokande au Japon, IMB aux États-Unis et Baksan en URSS, ont annoncé l'apparition du signal à 7 h 36 (temps universel) le 23 février. Le groupe italo-soviétique installé sous le Mont-Blanc, pour sa part, avait le premier rendu publique la nouvelle et, fait remarquable, avant même que l'événement optique ne soit connu, mais il situait l'arrivée de la bouffée de neutrinos à 2 h 52 !

Une querelle d'expert s'en est naturellement suivie, qui semble tourner à l'avantage de la majorité.

Le nombre d'événements observés par Kamiokande, qui est l'expérience la plus précise, indique que la supernova a émis environ 2 10^{53} erg d'énergie, conformément aux prédictions. La mesure italo-soviétique, en revanche, conduit à un résultat cinq fois supérieur, en désaccord flagrant avec les modèles actuels de formation d'étoiles à neutrons. Quoi qu'il arrive, le 23 février 1987 est à marquer d'une pierre blanche car c'est la date de naissance de l'astronomie des neutrinos non solaires.

Les circulaires diffusées avec diligence par l'Union Astronomique Internationale tiennent la communauté astronomique pleinement informée et les théoriciens travaillent d'arrache-pied pour donner la meilleure interprétation du phénomène. Le groupe de Saclay (Richard Schaeffer, Sébastien Cahen et moi-même), renforcé par Robert Mochcovitch, de l'Institut d'Astrophysique de Paris, s'y emploie. Avec toute la prudence qui convient, mais, sans aller jusqu'à dire comme le talentueux Woosley de Livermore, théoricien lui-même : « *...the one rule now is that you shouldn't trust the theoreticians*[1] », nous nous estimons en mesure de proposer une ébauche d'interprétation sur la base de travaux antérieurs : une étoile massive, partiellement dépouillée de son enveloppe par un vent stellaire intense ou un compagnon accaparant, explose car son cœur consumé ne peut fournir la chaleur nécessaire à son équilibre. L'étoile dépouillée ne ressemble en rien à une supergéante rouge. Elle est de taille réduite et si chaude qu'elle est bleue. La supernova qui en résulte est sous-lumineuse, et somme toute assez semblable à celle que l'on observe, du moins c'est ce qu'indique le calcul. Ce travail doit beaucoup à un article antérieur, publié en 1982, d'André Maeder et James Lequeux de l'Observatoire de Genève, eux-mêmes inspirés par un argument, datant de 1976, de Roger Chevalier, astrophysicien américain qui fut le premier à faire valoir l'effet décisif de l'effeuillage des grandes étoiles sur leur cri de mort. A la base du phénomène est le faible rayon de l'objet qui se refroidit au début de son évolu-

1. « La seule règle maintenant, c'est que vous ne devez pas croire les théoriciens. »

tion plus vite qu'il ne rayonne... le reste est bien trop technique pour que nous en parlions.

Toutes les informations consignées ici sont bien sûr fragmentaires, et trop fraîches pour que la cohérence puisse en émerger. Il ne faut donc pas se hâter de juger. Les télégrammes affluent encore et un bon modèle aujourd'hui peut se révéler caduc le lendemain. Il n'y a d'ailleurs pas de quoi s'attrister, c'est qu'on en a trouvé un meilleur.

Mais l'astronome exulte : la comète hier, aujourd'hui la supernova, c'est Noël au printemps.

Les traces dans l'eau des antineutrinos de l'enfer

Outre l'insigne avantage d'être la supernova la plus rapprochée que nous aient offerte les temps modernes, SN 1987 A se signalera à l'attention des générations futures comme la toute première étoile ayant signé son autodestruction en lettres de neutrinos. Poussant la distinction jusqu'à laisser sa carte de visite aux physiciens enterrés, grands amateurs de particules invisibles, cette supernova ouvre une ère nouvelle : celle de l'astronomie underground qui, à l'opposé de l'astronomie de plein ciel, recherche l'épaisseur. C'est en effet le premier événement de ce genre à avoir laissé quelques traces dans les grands détecteurs de particules tapis dans les grottes profondes, en un lieu où aucune particule céleste ne peut pénétrer, hormis le bel indifférent, le séraphique neutrino.

Une série de onze événements incriminant ces particules ultra-pénétrantes a été enregistrée par l'expérience japonaise Kamiokande II. Le détecteur géant implanté dans une mine désaffectée, près de Kamioka, dans la préfecture de Kifu, était originellement destiné à enregistrer le décès d'un proton parmi une infinité de ses semblables. Les trois dernières lettres de Kamiokande signifient d'ailleurs « nucleon decay experiment » (*Figure 41*). Mais, le proton ne voulant pas mourir, il a bien fallu trouver un autre usage à l'énorme piscine qui devait lui servir de tombeau. C'est ainsi qu'elle fut dédiée aux neutrinos célestes. Et le temple souterrain fut honoré de la visite des êtres légers et subtils pour lesquels la Terre est aussi transparente que le Ciel. Les neutrinos de l'enfer ont laissé des traces dans l'Empire du Soleil levant.

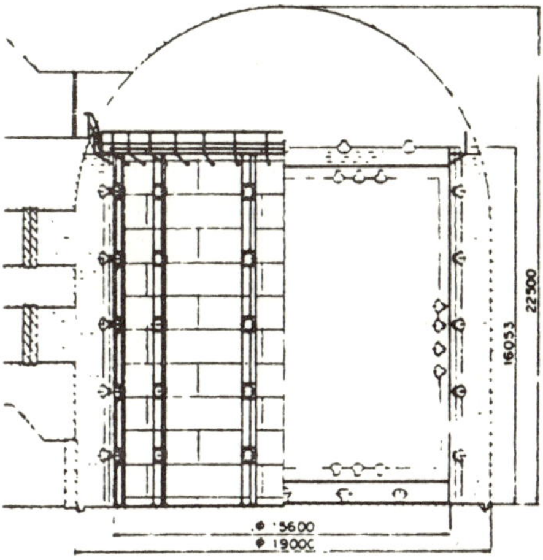

Figure 41. *Le détecteur Kamiokande II : la partie interne du détecteur contient 3 000 tonnes d'eau purifiée, dont 2 140 utiles, observées par 948 cellules photosensibles. Les dimensions sont exprimées en millimètres.*

Simultanément, ou presque, l'installation souterraine du lac Erié, opérant sous la responsabilité conjointe des trois laboratoires Irvine-Michigan-Brookhaven (IMB), enregistrait 8 événements, sur une durée de quelques secondes. C'était le 23 février 1987 à 7 heures 35 minutes 41 secondes (temps universel). Cette double détection donnait, avec une très bonne précision, le temps exact de l'explosion (décalé, il est vrai, de 170 000 ans) et validait à la fois une grande partie des spéculations théoriques que ce genre de cataclysme stellaire, induit par l'écrasement de la matière au-delà de toute mesure, n'avait pas manqué d'alimenter. Les théoriciens peuvent maintenant se vanter d'avoir prédit ce qui est réellement advenu il y a 170000 ans !

Ce fait est d'importance car l'homme de science cherche toujours à vérifier son intuition dans le ciel. Une nouvelle fois, le ciel a donné raison à la physique.

Il est piquant de constater que tous les détecteurs de neutrinos sont situés dans l'hémisphère Nord, alors que la supernova n'est visible que de l'hémisphère Sud. Ainsi ils sont comme suspendus dans l'azur, la Terre ne fait plus écran, la voilà transparente comme une boule de cristal.

La détection de neutrinos en provenance d'un lieu si éloigné ne nous renseigne pas seulement sur la nature de leur source mais aussi sur quelques-unes des propriétés les plus secrètes de ces anges de la physique. Les théoriciens furent prompts à réaliser que la faible dispersion temporelle des signaux neutriniques était apte à placer une limite à la masse du neutrino, ou plus précisément de l'antineutrino électronique, car il en existe trois « saveurs », c'est-à-dire trois genres, dont chacune est associée à un lepton chargé particulier, qui à l'électron, qui au muon, qui au taon. Et à ces trois saveurs correspondent des « antisaveurs ». Au total, six espèces de neutrinos sont censées exister :

neutrino électronique	antineutrino électronique
neutrino muonique	antineutrino muonique
neutrino taonique	antineutrino taonique

Seul l'antineutrino électronique « laisse un goût » sur la langue des grands détecteurs, les autres sont insipides. En termes plus académiques, les particules ayant les meilleures chances d'interagir avec les détecteurs, et donc de laisser une trace de leur passage, sont les antineutrinos électroniques. Les neutrinos muoniques et taoniques, et leurs contreparties d'antimatière, n'interagissent pratiquement jamais avec la matière commune dont sont faits les détecteurs, qui est tout bonnement de l'eau très pure. Les antineutrinos dans l'eau sont comme des torpilles. Un coup au but peut être déclaré à partir du moment (très rare) où un antineutrino électronique coule un proton — et il n'en manque pas dans les parages ! — non sans l'avoir au préalable transmuté en neutron avec émission compensatoire d'un antiélectron (positon e^+) selon le schéma maintes fois répété

$$n \rightarrow p + e^- + \bar{\nu}$$

qui se lit cette fois-ci dans le sens

$$\bar{\nu} + p \rightarrow n + e^+$$

Selon le rite des physiciens, la particule (e^-) a été méticuleusement remplacée par son antiparticule (e^+) en passant de l'autre côté de l'équation, car l'apparition de l'une est équivalente à la disparition de l'autre. Le positon éjecté est si rapide qu'il rayonne dans le bleu et cette belle lumière est captée par des détecteurs photosensibles immergés. Ce rayonnement est émis sous la forme d'un cône dont l'ouverture dépend de l'énergie du positon et donc du neutrino qui lui a donné naissance. De la mesure de l'angle on déduit l'énergie incidente.

L'invraisemblable légèreté du neutrino électronique

La faible dispersion du temps d'arrivée des signaux (quelques secondes tout au plus) conduit à limiter la masse du neutrino, ou plus précisément de l'antineutrino électronique, à 10 électron-volts environ. Le raisonnement est simple :

si, premièrement, les neutrinos étaient véritablement dépourvus de masse, comme les photons (jusqu'à plus ample informé), ils devraient circuler strictement à la vitesse de la lumière, quelle que soit leur énergie, ceci d'après la théorie de la relativité[1],

1. Cf. *La relativité*, dans l'édition de la Petite Bibliothèque Payot, par Einstein lui-même. Il vaut mieux se vouer au Bon Dieu qu'à ses saints.

et *si,* secondement, les neutrinos originaires de la supernova étaient bien partis en même temps, alors ils auraient dû arriver au même instant.

L'une de ces deux hypothèses est fausse, ou les deux peut-être.

La deuxième hypothèse est difficile à soutenir, car les calculs montrent que les neutrinos filtrent progressivement à travers la matière effondrée et que les moins énergétiques ont des chances d'émerger les premiers, car l'interaction avec la matière, et donc le confinement, augmentent avec l'énergie des neutrones. Toutefois les temps de départ de l'étoile, selon les estimations les plus récentes, ne diffèrent pas de plus de quelques secondes, ce qui est l'ordre de grandeur de l'étalement des temps d'arrivée.

Si, au contraire, les neutrinos disposaient d'une masse, leur vitesse serait nécessairement inférieure à celle de la lumière, les premiers arrivés seraient les plus énergétiques, à condition, bien sûr, qu'ils fussent partis tous au même instant. Pour un neutrino donné, le décalage à l'arrivée et donc l'avance prise sur un camarade moins énergétique que lui dépend du rapport masse/énergie. Si nous pouvions affirmer que la supernova magellanique a libéré tous ses antineutrinos électroniques exactement au même instant, alors ce serait un jeu d'enfant de déterminer leur masse. Il suffirait, comme l'ont dit plaisamment les physiciens américains Bahcall et Glashow, de reporter sur un diagramme l'énergie en fonction du temps d'arrivée pour tous les événements détectés et de lire la réponse. Malheureusement les choses ne sont pas aussi simples. Énergie et temps d'arrivée ne montrent aucune corrélation nette. Il faut donc en conclure que l'événement est brouillé par une dispersion des temps de départ fort difficile à évaluer. La fuite des neutrinos du cœur inciné́ré de l'étoile mourante n'est pas calculée avec une précision suffisante pour tirer des conclusions nettes, ceci peut-être par incompréhension foncière de l'explosion elle-même. Et aussi longtemps que la théorie piétinera la solution restera incertaine. Les calculs actuels suggèrent que les neutrinos de tout poil sont émis pendant quelques secondes tout au plus, alors que le cœur de l'étoile s'effondre pour former une étoile à neutrons. Abandonnée à elle-même, privée du secours de la chaleur vitale, la matière se contracte au point que les protons et les électrons s'amalgament pour former des neutrons. La suppression des électrons libres, qui soutenait le cœur de l'étoile, laisse le champ libre à la gravitation, et sous sa tyrannie la matière brutalement s'effondre jusqu'à ce que les neutrons nouvellement créés se mettent à leur tour à résister au rétrécissement de leur espace vital, ce qui leur est coutumier puisqu'ils sont du genre fermion, nous l'avons déjà dit. Le front se stabilise lorsque la densité atteint celle de la matière nucléaire, à savoir quelque 10^{14} g/cm^3, c'est-à-dire quand le cœur effondré est transformé tout entier en un gigantesque noyau d'atome, un vaste système quantique de la masse du Soleil et de la taille de Paris, constitué presque exclusivement de neutrons, en somme une étoile à neutrons.

Mais comment les neutrinos s'évadent-ils de cette monstrueuse cité quantique ? Ils jouissent, certes, de dispositions excellentes pour le faire, car sur Terre rien ne les arrête, si ce n'est quelques rares interactions de plein fouet avec des noyaux d'atomes. Les calculs sont complexes et inachevés.

Les neutrinos et la cosmologie

Nous en sommes réduits à ne faire usage que de simples arguments de plausibilité. Les événements observés sont répartis sur plusieurs secondes, ce qui est *à peu près* ce que l'on attendrait si le neutrino possédait une masse d'une dizaine d'électron-volts, tout au plus.

Il est donc plausible, mais non démontré, que la masse de l'antineutrino électronique soit au maximum de l'ordre d'une dizaine d'électron-volts, ce qui est bien peu comparé au proton dont la masse vaut 1 milliard dans la même unité.

Mais pourquoi mettre tant d'acharnement à mesurer la masse d'un tel ange ? On le comprendra quand on saura que cette espèce fort discrète est, à l'exception de la lumière fossile, la mieux représentée de la nature. Si l'on en croit la théorie cosmologique, chaque m^3 d'espace recèle 300 millions de neutrinos, alors qu'en moyenne dans l'univers observable, passablement troué, flotte 1 proton par m^3. Le proton, il est vrai, pèse un bon poids : 1 milliard d'électron-volts. Qui donc, dans un mètre cube, pèse le plus ? La meute des neutrinos ou le proton unique ? Tout dépend bien sûr de la masse du neutrino. Admettons que celle-ci vale 10 eV, et faisons le calcul. Les neutrinos contenus dans un mètre cube pèsent ensemble 300 000 000 X 10 soit 3 milliards d'électron-volts c'est-à-dire 3 fois plus que le proton esseulé.

Mais pourquoi s'acharner à savoir ce que pèse une cellule d'Univers de volume donné ?

L'enjeu est considérable. Il consiste à déterminer si l'Univers est fermé[1], c'est-à-dire soumis au cycle des morts et des renaissances, ou ouvert, c'est-à-dire enclin à la dispersion sans espoir de retour. Il apparaît donc, au vu des derniers résultats, que les neutrinos électroniques, à eux seuls, sont incapables de fermer l'Univers. Il ne faut pas en conclure que l'Univers est véritablement ouvert, car des anges nouveaux s'annoncent à l'horizon, tout aussi subtils que les premiers, mais peut-être plus lourds. Tout droit sortis de la pensée théorique, ces entités logiques se voient sommées de se faire connaître. Signe et tu existeras. Mais, au désespoir du physicien, aucune ne consent à laisser d'autographe. Peut-être faut-il leur présenter un parchemin digne d'elles ?

1. Voir le chapitre Digression cosmologique.

Et que brillent enfin les étoiles du discours

L'astrophysicien est parvenu à redonner du goût au ciel. Certains voient des choses dans le ciel, lui voit du ciel dans les choses. Il est parvenu à établir l'existence d'un lien génétique entre les nuages, les étoiles et les hommes. Cette synthèse nourricière fait de lui un créateur de culture. Sa pratique n'est jamais inutilement spéculative, mais elle est nécessairement perfectible et amendable, il l'admet. Orphée, de retour des enfers, a besoin de parler. Aucun homme de science n'a attendu que tous les faits soient assemblés pour essayer d'interpréter les fragments de nature connus de lui. Jamais l'idée qu'il ne parvienne ni à expliquer la totalité du réel, ni à éliminer entièrement ses contradictions ne l'a paralysé. Il a appris sans désespérer que des systèmes multiples conditionnés par l'histoire, par l'inconscient, par le cosmos, dominent sa destinée. Mais il répond de manière créatrice à ces conditionnements. Il valorise culturellement les produits de ses recherches, de *sa* recherche qui confine parfois à l'introspection. Et l'intérêt d'autrui se manifeste pour son ciel.

Le ciel des astrophysiciens n'est pas moins généreux que le ciel des poètes ou celui des prophètes. N'y voient-ils pas aussi des flèches volantes, des amours flamboyants, des morts lumineuses et des résurrections ? Ils entrevoient les étoiles, ils suivent leurs mouvements et finissent par les rejoindre.

Terre, tu as juste le poids nécessaire pour les faire tenir sur terre.

La quête de l'astrophysique est à inscrire dans une perspective esthétique et peut-être même amoureuse. Car, réduite à ses propres forces, la science est condamnée à l'échec affectif et moral.

En tant qu'humain façonné par des générations d'étoiles, j'en suis comme le porte-parole effectif.

En tant qu'homme de science, j'essaie d'appliquer mon esprit sur le monde et les relations entre les nombres et les formes. Je suis capable d'analyse critique de mon propre discours stellaire.

L'analyse scientifique, ce me semble, en vertu de cette duplicité, consiste à exhumer des images du réel et à les combiner pour en faire une histoire. Cette histoire est nécessairement teintée de subjectivité. Le ciel nocturne en moi est touché par les étoiles extérieures, qui ne sont rien d'autre que des réacteurs nucléaires à confinement gravitationnel. Amoureux de la plus haute lumière je m'émerveille. Et je m'émerveille de m'émerveiller... C'est pourtant la seule attitude scientifique possible !

Appendice

POUSSIÈRES DE PHYSIQUE GLANÉES DANS LES CHAMPS QUANTIQUES

Le principe de correspondance

La seule approche possible du microcosme consiste à tenter de le cerner en modifiant de manière pertinente les lois qui s'appliquent au niveau macroscopique. Des contradictions criantes naissent immanquablement de ce rapprochement, mais ce sont justement ces contradictions qui fournissent la clef de la nouvelle théorie.

Ainsi procède la théorisation du monde. L'exemple le plus révolutionnaire est la contradiction entre les conditions quantiques que Bohr édicta en 1913 et la mécanique newtonienne, qui finalement allait déboucher sur la théorie moderne du microcosme.

Les limites d'applicabilité d'une théorie définissent les frontières du niveau correspondant. Il existe cependant des transitions douces entre un niveau et le suivant, dans le sens où certains résultats, propres à une théorie, s'accordent à certains résultats de l'autre, ce qui constitue le *principe de correspondance,* qui relève du principe de continuité de la pensée.

Ces passerelles sont fort utiles. Par exemple la mécanique quantique et la relativité sont respectivement caractérisées par les constantes h (constante de Planck) et c (vitesse de la lumière), h est minuscule et c gigantesque et, quand h et 1/c sont supposées négligeables, les résultats de ces deux théories sont identiques à ceux de la mécanique newtonienne.

La constante h possède une valeur extrêmement petite par rapport aux grandeurs qui interviennent dans les phénomènes à notre échelle ($h = 6.67\ 10^{-27}$ en unités c.g.s.). C'est la raison pour laquelle son existence ne s'est imposée à notre attention qu'à partir du moment où nous avons su étudier la structure de la matière à l'échelle atomique et subatomique. La condition d'apparition de la constante h est l'accès à une technique instrumentale poussée jusqu'à son plus haut degré de raffinement, de façon à enregistrer des actions très subtiles, à mesurer avec précision des quantités inconcevablement petites comparées à celles qui entrent en lice dans les échanges courants. C'est cette même constante qui se manifeste dans les relations de conversion onde-particule $E = h\nu$; $p = h/\lambda$ et dans les inégalités d'Heisenberg $\Delta x.\Delta p \geqslant h$; $\Delta E.\Delta t \geqslant h$ que nous verrons plus loin.

La lumière est donc constituée de photons, qui dans certaines conditions se manifestent sous la forme d'événements lumineux bien définis, émission ou absorption, mais qui, entre ces événements, passent leur temps dans un état de vague ubiquité, de relâche spatio-temporelle, ce qui signifie qu'ils ne sont contraints à rien d'autre qu'à une *équation d'onde*, n'ont aucune trajectoire, sont délocalisés dans l'espace et dans le temps et ne sont pas sujets au devenir. Ils échappent ainsi à toute obligation causale, et n'existent qu'en tant que potentialité à être enregistrés par un détecteur, c'est-à-dire à disparaître, avalés par leur révélateur. Il s'ensuit que le seul aspect «réel» de la propagation du photon est l'événement quantique d'absorption. L'événement de mise à mort est le seul aspect réel, observable du photon. Le photon seul ne prend aucune route. Il n'y a pas de photon sans moi (le «moi» abstrait de l'expérience).

Le quantum de lumière a la propriété de cesser apparemment d'exister quand il est dans un de ses états stationnaires — nommément l'état zéro —, dans lequel sa vitesse, et donc son énergie, est nulle. Quand un photon est absorbé, il peut être considéré comme ayant cascadé dans l'état zéro (état de non-réalité manifeste). L'état de repos est virtuel et surpeuplé. On doit considérer que l'état de repos, tel que énergie = 0, contient une infinité de quanta inobservables. L'acceptation du dualisme particule réelle-onde de probabilité conduit à l'idée que le phénomène observé est à mettre au rang de l'illusion. Cette vision du monde, remontant à Platon, fut considérée par Einstein comme une incitation à l'évasion, une pilule tranquillisante administrée sans nécessité ni discernement. Les derniers grands classiques refusèrent, terrifiés, le suicide conceptuel que signifiait pour eux le renoncement au monde causal de description et à l'idéal de continuité qu'il suppose. Ils prirent en horreur les révolutions qu'ils avaient déchaînées.

Le drame de la dualité, pourrait-on penser, est que philosophiquement l'unité lui est préférable. Les explorateurs du microcosme furent conduits par une intuition infaillible à parer la matière de la grâce sinueuse de leur vision ondulatoire. Pourtant ni onde, ni particule n'existent objectivement. Tous ces fantômes sont des représentations subjectives qui aident à visualiser des événements dans le cadre des modèles classiques d'imagerie, en jouant de divers arrangements propres à produire différentes manifestations, comme s'il s'agissait respectivement d'ondes et de particules. Par l'usage combiné d'images opposées, la puissance imaginative parvient à transcender l'antinomie de l'onde et de la particule. A chaque particule est associée une onde. La permission théorique d'exister ici ou là, maintenant ou après, c'est-à-dire la probabilité de manifestation de la particule en un instant-point, y est proportionnelle à l'intensité de cette onde.

La lumière est indépendante de la matière, rien ne la porte. Elle sillonne le vide — « vide » dans l'acception simple, à savoir espace dont la matière est absente, mais non la lumière. A la différence du son elle n'est donc pas liée au mouvement de la matière et se passe joyeusement de support matériel. Mais qu'est-ce qui vibre dans la lumière ?

La lumière ne ralentit jamais ni n'accélère, inlassable, à la vitesse c elle voyage, où c = 300 000 km par seconde dans le vide.

Lorsqu'on veut décrire son libre déplacement dans l'espace c'est la propagation d'une onde qu'on invoque.

La lumière en liberté est conçue comme une onde, mais vient-elle à interagir, elle donne naissance à des effets localisés, repérables dans l'espace et le temps, comme s'il s'agissait d'une particule apte à transférer énergie et impulsion.

L'acte de localisation, qui se confond avec celui *d'observation*, concrétise la « particule ». Onde et particule sont deux aspects complémentaires d'une seule réalité-lumière.

Louis de Broglie parlait ainsi, aux premiers jours de l'embellie quantique qu'il finira pourtant par récuser :

« En approfondissant cette idée, on est conduit à admettre que la densité du nuage de photons qui est associé à une onde lumineuse est en tout point et à chaque instant proportionnelle à l'intensité de cette onde lumineuse. »

Cette onde est par essence une onde de probabilité.

Voici transcendée l'opposition toute métaphorique de l'onde et de la particule, qui ne sont que des catégories de notre description, des images banales et incomplètes de notre représentation. Et voici accomplie la synthèse des deux anciennes théories rivales.

S'il en est ainsi de la lumière, ne peut-on supposer

qu'il en est de même de la matière ? C'est ce que fit Louis de Broglie avec le succès que l'on sait.

Mais revenons à l'expérience des deux fentes, édifiante à souhait.

Les figures d'interférence qui se dessinent sur la plaque photographique disposée en aval des deux fentes « éclairées » par un faisceau lumineux (ou électronique aussi bien) témoignent du caractère foncièrement ondulatoire du processus en cause. L'ouverture d'une fente, plutôt que de deux, altère apparemment le comportement de chaque photon (électron) individuel. Mais, les deux fentes ouvertes, le phénomène d'interférence persiste, même si les photons sont délivrés au coup par coup et non par myriades.

Cette expérience est paradoxale aussi longtemps que l'on suppose que la particule suit un cours bien défini depuis sa source jusqu'à son impact final sur la plaque photographique. Une telle trajectoire ne peut, en toute logique, être définie que si l'on peut retracer point par point son parcours, en mesurant, notamment, la position et l'impulsion du photon (électron) quand celui-ci se présente à l'entrée d'une des deux fentes. Niels Bohr, le célèbre physicien danois, analysa en grand détail les différentes manières dont on doit altérer l'expérience originelle pour mesurer ces quantités.

Si, d'aventure, on place un compteur au niveau de la fente pour enregistrer le passage du photon, celui-ci l'absorbe, ou au mieux dévie le trajet par rapport à la direction initiale et de ce fait détruit le phénomène que l'on prétend mesurer. Il ne s'agit plus de la même expérience. Il faut choisir, ou bien retracer point par point la trajectoire, ou bien observer les effets d'interférence. Bohr en conclut que la mesure *simultanée* de la position et de l'impulsion sont impossibles sans faire disparaître la figure d'interférence. En d'autres termes, l'existence même du phénomène d'interférence est consubstantielle à ce qu'il appelle la *complémentarité* des observables, position et impulsion, c'est-à-dire à l'impossibilité de les observer simultanément avec une précision parfaite.

C'est ce que reflètent les fameuses *inégalités d'Heisenberg.*

Que disent ces relations ? Elles prescrivent qu'il existe des éléments de réalité qui, par nature, sont rebelles à toute assignation *simultanée et certaine.* Ceux-ci sont la position x et l'impulsion p, l'énergie E et la durée t. Désignant par Δ l'indécision sur chaque quantité, les relations d'Heisenberg s'écrivent

$$\Delta x \,.\, \Delta p \geqslant h/2\pi$$

et $$\Delta E \,.\, \Delta t \geqslant h/2\pi$$

Il en ressort que nous ne pouvons attribuer de trajectoire définie au photon (à l'électron) ou, pire encore, que la notion de trajectoire perd son sens s'agissant des micro-objets (*Figure 42*). Se demander si le photon a pu passer à travers les deux fentes à la fois pour interférer avec lui-même relève du non-sens.

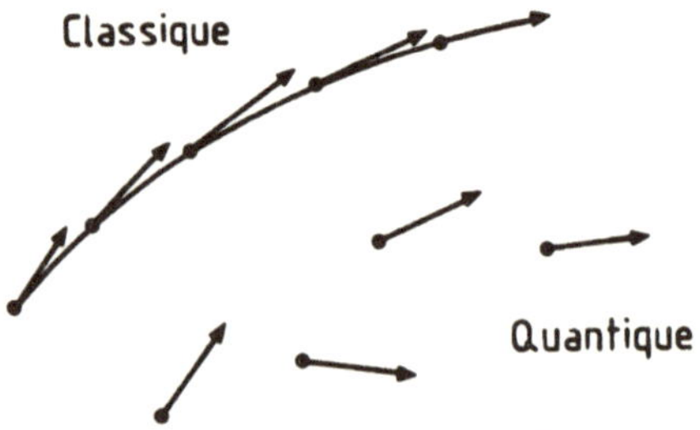

Figure 42. *Visions classique et quantique du monde.*
La physique classique est fondée sur la notion de trajectoire. Cette notion n'a plus cours dans le microcosme. Il faut alors avoir recours à un formalisme et à un langage nouveau, essentiellement discontinu. Cette description particulière constitue la théorie quantique.

Force est de constater que l'arme affilée du langage est venue à bout du paradoxe. Bohr élimina toute assertion paradoxale du type « le comportement du photon dépend de la présence d'un diaphragme qu'il est censé traverser ».

Physique quantique et langage

Bohr, le joueur absolu, venait de changer les règles du jeu au cours de la partie. Cette ruse allait entraîner une révision radicale de l'attitude générale vis-à-vis de la réalité physique.

Admirons au passage l'intelligence sémantique du mentor quantique. Pour Bohr, la perturbation due à la mesure — c'est-à-dire l'intervention du macroscopique grossier dans le microscopique délicat — n'est pas seulement de nature physique : elle est inhérente aux définitions de notre langage. L'usage des mots est au cœur du problème. Le choix des termes détermine le caractère classique ou quantique de la théorie. Le langage limite notre description et donc notre compréhension des choses du microcosme. C'est, toujours d'après Bohr, l'usage des instruments de mesure à notre dimension qui limite la description aux concepts classiques. Notre observation altère et détruit les micro-réalités observées. Pour le physicien de quantique obédience, c'est en fait notre langage lui-même qui dépend de l'usage des instruments de mesure, car ceux-ci servent à « définir les conditions mêmes sous lesquelles apparaissent les phénomènes ». De fait les instruments de mesure sont, d'une certaine manière, impliqués dans la définition de nos termes.

Certes, le langage commun sépare : Antoine regarde le marronnier. A l'opposé, la théorie quantique est relative, dans l'acception de l'école de Copenhague, dont Bohr est le porte-parole, à des ensembles flous, formés par la fusion d'objets microscopiques (le susdit photon, les prétendues particules), d'instruments de mesure et d'observateurs, autant d'« objets » d'échelles différentes, formant des trinités inséparables, impossibles à analyser en terme de constituants.

Nous devrions, semble-t-il, si nous avons bien retenu la morale de cette fable quantique, distinguer notre description des réalités des réalités elles-mêmes, afin d'éviter la confusion fâcheuse entre le masque et la face. Toutefois, si nous admettons que les particularités de la quantique mécanique sont inhérentes à notre description du microcosme plutôt qu'au microcosme lui-même, il est à gager que les prétendus paradoxes quantiques sont le produit d'une description, par ailleurs non exempte de faiblesse, et non le témoignage du caractère incompréhensible du monde. Mais, toute honte bue, ces mêmes faiblesses donnent à la théorie quantique un charme certain dans l'ordre rationnel, peu prisé il est vrai des classiques et des « réalistes » représentés par Einstein et ses semblables. Les disciples de Bohr font éclater leur satisfaction : jamais aucune des obscures assertions du maître n'a pu être prise en défaut. Le verbe aurait-il eu raison de l'équation ?

Mais les admirateurs d'Einstein, au contraire, s'affligent de voir piétiner tant d'espérances. La mécanique quantique passe à leurs yeux pour la physique du renoncement. Perte irréparable pour la pensée, douleur de la voir amoindrir : elle nous laisse ignorants de la réalité quantique et l'admet sans rougir, et fait même de ce constat désolant son véritable fondement. Ainsi l'infime fragmentaire est décrété intraçable, et donc illisible, et sa description demeure pauvrement et irréductiblement statistique.

Mais la science a besoin de croire à l'absolu d'un certain « réel », fût-il par nature voilé, même si elle ne l'atteint jamais. En aucune circonstance la réalité ne s'offre nue. Au poète peut-être ?

L'univers (avec un petit u), de ce fait, ne peut être conçu que comme un accord raisonnable, un consensus entre les esprits forgés par la science et par très haute raison retrouvé. L'idéal philosophique d'une connaissance d'ensemble échoit aujourd'hui à la physique, et cette synthèse ne peut se concevoir que dans l'œcuménisme scientifique intégral. Chantons Einstein et chantons Bohr, et remettons-les en cause également. Vous sentez bien qu'il y a quelque chose de vicieux, un abus réciproque dans leur affrontement.

Casseur d'assiettes, mais rêvant, tel sera le futur physicien, et raccommodeur de faïence et de porcelaine.

Il doit s'interdire toute systématisation en les acceptant toutes, et d'abord transcender l'opposition essentiellement philosophique des traditions relativiste et quantique[1]. Ces deux théories de la réalité en soi, indépendante de l'observateur, ou de sa négation, peuvent à juste titre briguer chacune la suprématie, modelant chacune une image du monde physique. Mais si la vérité est une, ses deux descriptions relativiste et quantique n'en sont que des approximations particulières. L'une est purement déterministe, l'autre s'exprime en termes de probabilité, le tout est opérationnel si l'on réserve la relativité générale au macrocosme et la mécanique quantique au microcosme, bien qu'on ait vu paraître depuis peu des astres purement quantiques parmi les astres relativistes, naines blanches et étoiles à neutrons.

La plus grande ambition des théoriciens de la physique est aujourd'hui l'édification d'une théorie quantique de la gravitation qui unifierait sous un même formalisme, une même écriture, les quatre forces apparentes de la nature.

Les astrophysiciens, quant à eux, moins soucieux de perfection formelle, cherchent à déceler dans l'univers un plan coordonné, un schéma directeur, un concept

1. Il n'y a pas d'opposition véritablement physique entre ces théories, puisqu'elles tendent toutes deux vers la mécanique classique (voir plus haut le principe de correspondance), dans les conditions limites de leur applicabilité.

organisé en train de se réaliser à travers la forme matérielle.

La soi-disant réalité physique est ici encore sous la haute dépendance du sujet pensant.

Réalité et mesure

En dépit de soixante années de succès dans l'explication (?) des propriétés des systèmes physiques submicroscopiques, la mécanique quantique reste déconcertante pour les physiciens qui auraient conservé un semblant de fibre philosophique.

Les difficultés conceptuelles les plus sérieuses qui obscurcissent le formalisme quantique ont trait à deux notions fondamentales : la nature de la « réalité » et la nature de la mesure. L'existence d'un flou quantique irréductible ne peut que modifier notre notion de réalité. D'après Heisenberg, en effet, si nous savons où est un électron, nous ne pouvons dire précisément ce qu'il fait et inversement. Pourrons-nous jamais dépasser le malaise de cette mutilation de la connaissance ? saurons-nous un jour admettre qu'un être parfois se définit par ce qu'il cache ? Nous restons également perplexes devant l'acte élémentaire de mesure. La plupart des difficultés prennent racine d'une manière ou d'une autre dans le *principe de superposition linéaire* qui s'applique à la fantomatique fonction d'onde, être mathématique destiné à décrire le comportement de la matière à l'échelle subatomique.

Les interférences — manifestations tangibles de cette superposition linéaire — se produisent avant la mesure et la réduction de la fonction d'onde concomitante.

Les interférences sont un phénomène spécifique des systèmes ondulatoires et sont à la racine de la dualité onde-particule dont la mécanique quantique tire sa substance.

En raison même de ces interférences, elle prend un

tour étrange qui défie le bon sens et la notion de *réalisme* — c'est-à-dire l'idée qu'un objet existe et possède des propriétés spécifiques, qu'il soit observé ou non — si chère à la physique classique.

Considérez un instant un atome pouvant se présenter sous des configurations très diverses ; à chaque configuration correspond une énergie donnée (quantifiée) à laquelle est associée une fonction d'onde particulière. Cet atome dispose donc d'un grand nombre de niveaux d'énergie, qu'il emprunte selon les contraintes.

La superposition entre en jeu à partir du moment où le chercheur doit construire la fonction d'onde de cet atome dans tous ces états (le registre de tous les possibles) avant de faire une mesure pour déterminer quelle énergie possède l'atome effectivement.

Dans ce cas, la fonction d'onde est une combinaison linéaire (une somme pondérée, un « mélange ») des fonctions d'onde associées à chaque valeur de l'énergie, c'est-à-dire une superposition linéaire.

Quand l'énergie est mesurée, la fonction d'onde généralisée se réduit instantanément à la fonction d'onde appropriée à la valeur mesurée ! L'éventail des possibilités se referme instantanément sur le possible unique. Tel est le prodige de la pensée quantique.

Ce même principe s'applique aussi bien à toutes les propriétés des systèmes quantiques, sans exception : avant l'observation, l'objct est une superposition linéaire d'états, après l'observation le voilà dans un état réel bien défini. Que s'est-il passé entre-temps ? Personne ne peut le dire.

L'incompatibilité troublante de la mécanique quantique avec le sens commun et la répudiation de la notion classique de réalisme aboutissent à considérer qu'« aucun phénomène élémentaire n'est un phénomène jusqu'à ce qu'il soit un phénomène enregistré » (J.A. Wheeler). L'interprétation orthodoxe de la mécanique quantique est donc qu'on ne peut assigner de propriété spécifique à un système physique avant qu'il ne soit mesuré.

Photons virtuels

Nous avons vu que la théorie quantique postule l'existence de forces entre particules élémentaires du type fermion (électrons, par exemple), dont le médiateur attitré n'est autre qu'un agent quantique particulier, spécialisé dans les messageries, une particule de genre boson (dans ce même exemple, le photon). Cette force s'exprime quand les deux types de particules, réceptrices et porteuses (dans notre exemple les électrons et les photons) interagissent entre eux. Le photon est porteur de la force, l'électron la donne et la reçoit.

Dans le cadre de la théorie quantique actuelle, on peut montrer, par le seul usage de l'inégalité d'Heisenberg ayant trait à l'énergie et à la durée, $\Delta E \cdot \Delta t \geqslant h$, que la masse m d'un boson porteur d'une force de portée r doit être $m = h/rc$, où h est la constante de Planck et c la vitesse de la lumière :

Posons que la vitesse du médiateur de la force est c, elle ne peut lui être supérieure en vertu du postulat de la relativité restreinte et nous exigeons que notre théorie soit relativiste. Dès lors, pendant un temps t le médiateur ne peut parcourir qu'une distance ct. Venons-en maintenant à la partie la plus subtile de l'argumentation. Lisons notre toute dernière formule : le produit des incertitudes sur le temps et l'énergie est au mieux égal à la constante de Planck (minuscule mais non nulle !). Cet énoncé a une importance considérable pour la théorie quantique, car il accrédite la thèse des *particules virtuelles*. Il constitue par essence la règle d'un viol, une dérogation qui autorise pour un bref instant l'intervention de cartes supplémentaires dans le jeu quantique qui, sorties de la manche du joueur, y retournent aussitôt. Ces « jokers » auront, comme on peut le supposer, un rôle déterminant dans la suite de l'action.

Je m'explique : la sacro-sainte loi de la conservation de l'énergie stipule que l'énergie totale d'un système isolé est constante, invariable ou, en des termes plus familiers, qu'aucune énergie ne se perd ou ne se crée. La relation d'incertitude énergie-durée vient adoucir ce diktat tout en codifiant et limitant les manquements à la règle : une quantité d'énergie ΔE peut être empruntée, disons au vide, sans plus de précision, à la seule condition qu'elle lui soit restituée au bout d'un temps Δt, tel que le produit $\Delta E \,.\, \Delta t$ soit au moins égal à h.

Ainsi le vide fait figure de banque. Les emprunts les plus gros doivent être remboursés le plus rapidement. Ces emprunts d'énergie servent à investir dans les particules. L'unité monétaire est le MeV (méga-électron-volt). Au change, 1 million de MeV = 1,6 erg. Pour 0,5 MeV on achète un électron ou un antiélectron, une misère ! Pour 1 000 MeV on peut acquérir un proton (ou un antiproton, au choix), ou encore un neutron (si ce n'est un antineutron). Ces articles sont parmi les plus chers, car la gamme des prix est alignée sur celle des masses, en vertu du tarif $E = mc^2$.

On peut dès lors imaginer que le vide regorge de particules virtuelles de toutes sortes et qu'elles émergent spontanément de ce milieu fertile pour y retourner aussitôt, pourvu que $\Delta E \,.\, \Delta t \geqslant h$. On peut se demander, à l'évocation de ce vide foisonnant, comment on peut y voir à travers ! Ces particules virtuelles régies par des lois limitatives, tels des poissons volants plongeant dans l'élément liquide, retrouvent très vite leur milieu naturel, en l'occurrence la mer de la virtualité, encore appelée vide. Le vide quantique est porteur de toutes les naissances. Le réel, ou réputé tel, n'en est que l'état manifeste. L'inobservable en est l'état latent. Le vide est plein, potentiellement plein. Le vide est poissonneux.

Mais que dire du photon ? Le photon — ce n'est pas là son moindre privilège — ne porte aucune masse intrinsèque. Il est nu. Le photon de masse au repos nulle est par conséquent gratuit ! On peut en disposer à sa guise, sans se soucier du prix. De fait nous baignons dans une mer de photons virtuels. Il faut pourtant éviter d'en conclure que la nuit n'existe pas !

Je vous entends ici protester : Vous n'hésitez pas à tenter de nous faire croire à la fable des particules virtuelles qui émergent de l'océan du vide pour y replonger aussitôt, et voilà maintenant que vous vous insurgez devant les conséquences de cette même idée !

Le photon virtuel n'illumine pas la nuit car il est inobservable.

Mais revenons à nos moutons quantiques. La portée de la force électromagnétique dont le photon est le transmetteur s'écrit, en inversant la formule $m = h/rc$ vue précédemment, tout simplement $r = h/mc$. La simple lecture de cette formule indique que la *force électromagnétique possède une portée infinie ;* ceci tient au fait que le photon est décrit comme une particule de masse au repos nulle et que h divisé par zéro donne l'infini.

Une autre force partage avec l'électromagnétisme le privilège d'une portée illimitée, comme nous le savons. Il s'agit de la gravitation, force universelle s'il en est, et dont on n'est pas étonné de savoir qu'elle porte infiniment loin tout en s'affaiblissant, il est vrai, mais non moins que la force électromagnétique, comme l'inverse du carré de la distance.

Mais nous laisserons pour l'instant la gravitation car il n'est pas encore clair que ses effets puissent être proprement décrits au moyen du formalisme des particules élémentaires. En tout état de cause, l'intensité du couplage du champ de gravitation avec les autres champs quantiques est si faible qu'il peut être négligé par les explorateurs du microcosme.

Lumière pressée et matière paresseuse

L'audacieuse mécanique quantique nous laisse pantelants, mais voici plus étonnant encore et plus général : il s'agit d'un principe transcendant, appelé *principe de moindre action,* que je ne saurais laisser dans l'ombre. Je ne ferai que l'effleurer, et n'en parlerai que légèrement, mais qu'on ne s'y trompe pas, il abrite peut-être la quintessence de la pensée physique. Voici ce que au minimum on peut en dire.

La lumière est fondamentalement économe de son temps, du moins c'est l'effet qu'elle nous donne. Comme le constatent les opticiens, elle emprunte toujours le trajet le plus rapide, celui qui lui fait gagner le plus de temps. En effet, elle rend systématiquement minimale la durée de son parcours, faisant obliquer au plus juste son chemin, mais seulement au passage d'un milieu transparent à un autre. Loin des frontières elle file tout droit, à condition bien sûr que l'espace soit euclidien, sinon elle suit sagement les méandres de la géométrie en naviguant au plus juste sur les « géodésiques », lignes les plus droites possibles compte tenu de la courbure de l'espace. Elle reproduit la démarche qu'un poète néerlandais attribuait à Dieu : « Elle avance droit avec les courbes. »

Cette tendance à économiser le temps, pour la première fois remarquée par Pierre Fermat, régit si bien son comportement que tous les phénomènes de réflection et réfraction chers à l'optique géométrique semblent en découler.

La lumière rusée emprunte toujours le trajet le plus rapide, et le trajet le plus rapide d'un rayon lumineux n'est pas forcément le plus court. Lorsque qu'elle pénètre en biais dans le verre, la lumière brise son trajet. Elle oblique au mieux de ses intérêts, comme si elle avait au préalable exploré toutes les directions et s'était rendue apte à discerner le chemin optique qui lui ferait perdre le moins de temps au total, sachant qu'elle se propage dans le verre plus lentement que dans l'air.

La matière, pour sa part, se montre fondamentalement paresseuse (ou économe, c'est selon). Elle emprunte toujours le trajet de moindre action. L'action est une quantité physique qui a la dimension d'une énergie multipliée par un temps ou encore d'une quantité de mouvement multipliée par une distance. Notons au passage que h, la constante de Planck, dont nous avons tant parlé, est l'unité fondamentale d'action, le quantum d'action, car il n'en est pas de plus petite.

On peut démontrer que le premier énoncé, mettant l'accent sur le temps de vol minimal de la lumière, se ramène au second, si on l'exprime en terme d'action. Le photon n'est-il pas après tout également une particule matérielle de masse au repos nulle ?

En élevant ces idées au niveau de principes et en leur donnant un sens mathématique précis, les physiciens sont parvenus à une écriture unifiée des lois du mouvement. Ils appliquent avec bonheur ce principe de moindre action, ou principe de Maupertuis, à toutes les situations nouvelles ou difficiles, et toute la physique en bénéficie, depuis la boule de pétanque jusqu'à la particule élémentaire.

Mais si la trajectoire se modèle de sorte que l'action soit aussi faible que possible, on peut se demander pour quelle raison. Ceci, de mon humble point de vue, n'a jamais été expliqué de manière satisfaisante. Il y a là un thème de réflexion pour les générations futures. Pour l'instant nous devons considérer ce principe général d'économie comme un guide sûr de nos explications, sans l'interroger davantage. Son efficacité suffit à son existence.

Il peut être considéré comme un postulat de la mécanique compatible avec les lois du mouvement et la conservation de l'énergie.

Mais je ne peux m'empêcher de faire valoir devant la puissance inexpliquée d'un tel postulat une certaine insatisfaction, bien plus encore que devant la valeur imposée de la vitesse de la lumière, ou celle de la constante de Planck. Que d'énigmes dans notre belle physique ! Et que l'on ne vienne pas me dire que tout est clair dans les sciences physico-mathématiques !

Il faut bien avouer que le trajet apparemment ajusté de la lumière, qui semble « choisir » son chemin, laisse plus d'un physicien perplexe. Mais que signifie « choisir » pour la lumière elle-même ?

GLOSSAIRE

Annihilation : Destruction mutuelle d'une particule et d'une antiparticule avec émission de rayons gamma. Les charges électriques s'annulent et la masse totale de la paire est totalement convertie en énergie rayonnante.

Antimatière : A chaque variété de particule correspond une antiparticule de même masse mais d'attributs internes (charge électrique, moment magnétique) opposés. Lorsqu'une particule s'ajoute à l'Univers, elle est toujours accompagnée de son double antagoniste et mortel, son antiparticule. Inversement, quand une particule rencontre son antiparticule, elles s'annihilent mutuellement et retournent à la lumière, tel est le cas de l'antiproton, du positon ou antiélectron, etc. Le photon est particulier, car il est sa propre antiparticule.

Antineutrino : Antiparticule du neutrino dont l'émission accompagne celle d'un électron (radioactivité $\beta-$).

Antineutron : Antiparticule du neutron, de même spin, mais de moment magnétique inverse.

Antiproton : Antiparticule du proton, de même spin, mais de charge électrique et moment magnétique inverses.

Atome : Système d'électrons enveloppant un noyau massif constitué de nucléons (protons et neutrons). La plus petite partie d'un élément qui peut encore être identifiée à cet élément.

Baryon : Particule massive de spin demi-entier, sujette à l'interaction forte.

Bosons : Particules de spin entier, affectant un comportement grégaire. Les bosons peuvent apparaître et disparaître au fil des interactions élémentaires, à la différence des fermions dont le nombre total se conserve.

Chaîne proton-proton : Série de réactions thermonucléaires dans laquelle des noyaux d'hydrogène sont transformés en noyaux d'hélium. C'est la source majeure d'énergie du Soleil et des étoiles de masse inférieure. Bien que les neutrinos qui émanent d'une des réactions en jeu soient supposés détectables, ils ne sont pas observés au niveau attendu.

Complémentarité : Caractéristique quantique essentielle selon laquelle des descriptions alternatives d'un système sont mutuellement exclusives (comme onde et particule). Par exemple, on peut savoir précisément où une particule est, mais le principe d'incertitude ne nous permet pas de connaître son mouvement. Inversement, la connaissance parfaite de la quantité de mouvement d'une particule nous interdit la connaissance de sa position.

Constante de Planck : Constante de proportionnalité qui relie la fréquence du photon à son énergie ($h = 6.626$ 10^{-27} erg seconde).

Dégénérescence : État de la matière qui caractérise les naines blanches et les étoiles à neutrons. Les fermions, en vertu du principe d'exclusion de Pauli, s'opposent à la compression pour conserver leur droit à la différence.

Densité nucléaire : Densité d'un noyau atomique (10^{14} grammes par cm^3, environ).

Deutérium : Isotope lourd de l'hydrogène. Il est constitué d'un proton et d'un neutron liés ensemble.

Effet Compton : Diminution de l'énergie et donc de la

fréquence des rayons X causée par une collision avec un électron.

Effet Doppler : Déplacement des raies spectrales dû au mouvement relatif de la source et de l'observation. Les raies observées sont décalées vers le rouge lorsque la source et l'observateur s'éloignent l'un de l'autre, vers le bleu lorsqu'ils se rapprochent.

Effet photoélectrique : Phénomène au cours duquel des électrons sont éjectés d'un métal sous l'effet d'un faisceau de lumière d'énergie suffisante.

Électron : Particules élémentaires qui, associées au noyau, forment un atome. L'électron est stable et chargé d'électricité négative. Sa masse au repos ($9{,}1\ 10^{-28}$ g) en fait la particule chargée la plus légère que l'on connaisse. Son émission, sous l'effet de l'interaction faible, s'accompagne de celle d'un antineutrino.

Électron-volt : Unité d'énergie préférée des physiciens nucléaires et des particules, familiers des grands accélérateurs. C'est l'énergie qu'acquiert un électron dans une différence de potentiel de 1 volt. 1 eV = $1.6\ 10^{-12}$ erg. Multiples : 1 keV = 1 000 eV, 1 MeV = 1 000 000 eV, 1 GeV = 1 000 000 000 eV.

Énergie : Quantité globalement conservée au cours des interactions entre particules. L'énergie prend des formes variées et interchangeables : énergie de masse, énergie de mouvement (cinétique), énergie d'interaction ou de liaison.

Erg : L'unité d'énergie c.g.s. (où les distances sont exprimées en cm, les masses en gramme et le temps en seconde). 1 erg est le travail effectué par une force de 1 dyne agissant sur une distance de 1 cm.

Étoile à neutron : Astre essentiellement composé de neutrons si on en croit la théorie de la matière hyperdense (10^{13} à 10^{15} grammes par cm^3). Les pulsars sont identifiés à des étoiles à neutrons magnétiques en rotation. Le rayon de ces objets est probablement de 10 à 15 km, pour une masse comparable à celle du Soleil.

Fermions : Particules qui aiment à se distinguer de leurs semblables. Leur spin est demi-entier (1/2 h, 3/2 h...).

Fonction d'onde : Quantité mathématique qui représente l'état d'un système physique comme une onde. Son carré exprime la probabilité de trouver le système physique au voisinage d'un point donné, à un moment donné, avec des valeurs particulières de ses attributs.

Galaxie : Agrégat gravitationnellement lié d'étoiles (10^8 à 10^{13}) et de gaz interstellaire.

Impulsion : Produit de la masse et de la vitesse. Cette quantité se conserve au cours des chocs d'objets de toutes tailles.

Interaction électromagnétique : Force de longue portée et d'intensité respectable, mise en jeu dans les rapports entre particules chargées d'électricité, véhiculée par les photons.

Interaction faible : Force nucléaire du changement, responsable de la radioactivité de certains noyaux instables. Sa portée est très courte et son intensité très faible.

Interaction forte : Force interquarks extrêmement puissante et dont le résidu est censé lier entre eux les nucléons (protons et neutrons), constituants du noyau de l'atome.

Interaction gravitationnelle : Capacité universelle de tous les objets physiques de s'attirer les uns les autres. Les photons n'y échappent pas, pas plus que les neutrinos.

Interférences : Phénomène révélateur du caractère ondulatoire des êtres physiques. Lorsque deux ondes interagissent, en certains points elles se renforcent mutuellement, en d'autres points, elles se contrarient.

Leptons : Constituants légers de la matière, tels les électrons et les neutrinos, insensibles à l'interaction forte.

Longueur d'onde : Distance entre deux crêtes successives d'une onde. Pour tous les rayonnements électromagnétiques, le produit de la longueur d'onde et de la fréquence est égal à la vitesse de la lumière.

Magnitude : Nombre qui indique la brillance d'un objet. Deux étoiles qui diffèrent en luminosité d'un facteur 100 diffèrent en magnitude d'un facteur 5. Plus l'étoile est brillante, plus sa magnitude est faible.

Masse au repos : Énergie que recèle une particule avant même de se mouvoir. Les photons, sûrement, et les neutrinos, peut-être, ont une masse au repos nulle, mais ils ne sont jamais au repos et voyagent à la vitesse de la lumière aussi longtemps qu'ils existent.

Masse de Chandrasekhar : Masse limite des naines blanches (1,4 masse solaire). Si la masse d'un objet compact dépasse cette masse limite, la pression des électrons dégénérés ne peut plus soutenir l'objet, qui est condamné à s'effondrer.

Matérialisation : Processus inverse de l'annihilation. Un photon gamma d'énergie appropriée (supérieure à 1,02 MeV) est transformé en paire électron-positon.

Mesure : L'acte d'enregistrer la valeur d'une observable (voir à ce mot) d'un système dans des conditions bien précises.

Moment angulaire : Mesure de la quantité de rotation présente dans un système. Le moment angulaire des particules est quantifié (voir *Spin*). Sa valeur est un multiple entier ou demi-entier de la constante de Planck, h.

Moment magnétique : Mesure de la ressemblance d'une particule à un petit aimant. Le neutron est dépourvu de charge électrique mais possède un moment magnétique, ce qui témoigne de la complexité de sa structure interne.

Naine blanche : Étoile de forte température de surface et faible luminosité. Ces étoiles sont très compactes car de dimension terrestre et de masse solaire.

Neutrino : Particule électriquement neutre, de masse au repos nulle ou presque, de spin 1/2, et qui n'interagit que par le biais de l'interaction faible et de la gravité.

Son émission est toujours accompagnée de celle d'un positon (radioactivité β^+).

Neutron : L'un des constituants du noyau atomique. Ne porte aucune charge électrique. Sa masse au repos ($1.6749 \ 10^{-24}$ g) est légèrement supérieure à celle du proton. Il est sujet à l'interaction forte qui le lie aux protons et à d'autres neutrons et à l'interaction faible qui l'incite, lorsqu'il est esseulé, à se transformer en proton avec émission d'un positon et d'un neutrino, ceci en une dizaine de minutes, en moyenne. Le neutron est magnétique, ce qui atteste qu'il est constitué de particules plus fondamentales encore, qui se meuvent en son sein.

Noyau atomique : Le cœur central, positivement chargé, de l'atome, où l'essentiel de la masse est concentré. Les noyaux sont des assemblages de protons et neutrons.

Nucléon : Particule constitutive du noyau de l'atome. Les nucléons sont du genre proton ou du genre neutron.

Nucléosynthèse : Synthèse des noyaux d'atomes sous l'effet des réactions nucléaires.

Observable : Quantité associée à un système physique, qui peut être mesurée expérimentalement.

Particule α : Noyau d'un atome d'hélium.

Photon : Particule de lumière, caractérisée par son énergie, ou de manière équivalente sa fréquence ou sa longueur d'onde. Son spin est 1. Les photons virtuels véhiculent l'interaction électromagnétique.

Physique classique : Physique strictement déterministe, construite selon les lois de Newton, pour la mécanique, et de Maxwell, pour l'électricité, le magnétisme et la lumière. Elle fournit une bonne description des systèmes composés d'innombrables particules.

Positivisme : Point de vue philosophique selon lequel les seules quantités d'intérêt scientifique sont celles qui se prêtent à la mesure directe et pour lequel le rôle de la science se borne à concilier les divers résultats de l'expérience sans postuler l'existence d'une réalité sous-jacente.

Positon : Antiparticule de l'électron. Il possède la même masse et le même spin que l'électron, mais une charge électrique et un moment magnétique opposés.

Principe de conservation de l'énergie : L'énergie est un simple chiffre. L'énergie totale d'un système isolé (somme de l'énergie cinétique et de l'énergie potentielle) est conservée et ne varie pas. Aussi, l'énergie cinétique peut seulement s'accroître au détriment de l'énergie potentielle et vice versa. La physique moderne a modifié la loi de la conservation de l'énergie en y incluant la masse, car l'énergie est reconnue apte à se substantifier sous la forme de matière et d'antimatière, et la matière à se dématérialiser, ceci en vertu de la célèbre équation $E = mc^2$.

Principe de conservation de l'impulsion : L'impulsion est représentée par un vecteur, régi par les règles d'addition des vecteurs. Pour une particule de masse m et vitesse $\vec{v}$, l'impulsion s'écrit $\vec{p} = m\vec{v}$. Si la masse de la particule est nulle, comme c'est le cas du photon et peut-être du neutrino, l'impulsion est un vecteur de longueur $p = E/c$, où c est la vitesse de la lumière et E l'énergie.
L'impulsion totale d'un système isolé est conservée. Au cours d'une réaction du type $1 + 2 \rightarrow 3 + 4$ l'impulsion totale ne varie pas, si bien que $\vec{p_1} + \vec{p_2} = \vec{p_3} + \vec{p_4}$.

Principe de conservation du moment angulaire : Le moment angulaire d'un système isolé ne change pas au cours de son évolution.

Principe de correspondance : Il exige que les résultats de la théorie classique soient en conformité avec ceux de la théorie quantique ou encore relativiste pour $h = 0$ ou $c = \infty$.

Principe d'exclusion de Pauli : Deux fermions (électrons, protons, neutrons, neutrinos) ne peuvent coexister dans le même état de mouvement.

Principe d'incertitude d'Heisenberg : Commandement

quantique qui stipule que certaines paires d'observables, comme la position et la quantité de mouvement, ou encore la durée et l'énergie, ne peuvent être connues à un degré de précision meilleur que celui qui est spécifié par les inégalités d'Heisenberg $\Delta p \Delta x \geqslant h$ et $\Delta E \Delta t \geqslant h$.

Principe de relativité restreinte : Il est constitué de deux axiomes. 1) De deux observateurs, dont chacun voit l'autre se déplacer à vitesse constante sur une ligne droite, aucun ne peut dire lequel des deux est en mouvement. 2) Lorsque les deux observateurs mesurent la vitesse de la lumière, ils trouvent le même résultat.

Production de paire : Voir *Matérialisation.*

Proton : Particule constitutive du noyau atomique de charge égale et opposée à celle de l'électron. Noyau de l'atome d'hydrogène. Sa masse au repos est de $1.6726\ 10^{-24}$ g. Jusqu'à très récemment, on supposait qu'il était indéfiniment stable, mais les théories les plus modernes, dites de Grande Unification, conduisent à la prédiction qu'il se désintègre excessivement doucement. Une telle décroissance est le sujet d'une recherche expérimentale intense. Mais jusqu'à présent personne n'a vu mourir un seul proton à coup sûr.

Pulsar : Étoile à neutrons magnétisée en rotation rapide et hautement régulière, qui émet toutes formes de rayonnements électromagnétiques de manière collimatée et qui s'apparente de ce fait à un phare cosmique.

Quantité conservée : Quantité qui reste inchangée au cours de l'évolution d'un système physique. Les quantités conservées sont l'énergie (masse incluse), l'impulsion, le moment angulaire, la charge électrique, la charge baryonique et la charge leptonique.

Quantité de mouvement : Voir *Impulsion.*

Quark : L'un des constituants de base de la matière, jamais isolé mais pris en paire et en trio. Il se présenterait sous six formes distinctes : u, d, s, c, b, et t.

Rayonnement cosmique : Pluie de noyaux d'atomes (essentiellement des protons) de grandes vitesses qui arrose en permanence la haute atmosphère, y produisant des gerbes de particules.

Rayonnement de corps noir : Rayonnement thermique d'un corps idéalisé qui absorbe le rayonnement à toutes les longueurs d'onde. Étant un parfait absorbant, il est aussi un parfait émetteur. Le rayonnement de corps noir est indépendant de la nature du corps émetteur et de sa forme, il n'est fonction que de sa température.

Rayonnement gamma : Rayons d'abord découverts en liaison avec les désintégrations radioactives, plus tard identifiés à des photons de haute énergie.

Rayonnement non thermique : Rayonnement émis par des particules dont l'origine ne peut être imputée à la température élevée de la source. Son spectre est différent de celui du corps noir.

Rayonnement synchrotron : Rayonnement produit par des particules chargées circulant à des vitesses proches de celle de la lumière dans des champs magnétiques relativement forts ou très étendus.

Rayonnement X : Rayonnement plus énergétique que l'ultraviolet et moins énergétique que les rayons gamma.

Réalisme : Point de vue philosophique qui atteste la réalité du monde extérieur à l'observateur, et dont la structure est considérée comme accessible à l'étude scientifique.

Réduction du paquet d'onde : Changement instantané de la fonction d'onde, conséquence de la mesure d'une observable. La fonction d'onde adopte une valeur unique qui caractérise précisément le résultat de la mesure.

Relativité générale : Théorie de la gravité due à Einstein, qui exprime les effets de la gravitation en termes de courbure géométrique de l'espace-temps.

Spectroscopie : Étude des raies brillantes ou sombres présentes dans la lumière des objets terrestres ou célestes.

Spin : Moment angulaire intrinsèque que l'on attribue aux particules et qui gouverne leur comportement vis-à-vis de leurs semblables. Le spin décide de l'appartenance à la catégorie des fermions ou à celle des bosons.

Supernova : Gigantesque explosion stellaire dans laquelle la luminosité augmente vertigineusement. Une grande partie de la substance stellaire est expulsée, laissant subsister, au moins dans certains cas, une étoile à neutrons. La matière évacuée est enrichie en espèces nucléaires complexes.

Théorie quantique : Formalisme utilisé dans la description de l'infime, typiquement de dimension atomique ou moindre. Elle tire son nom du fait qu'elle postule l'existence de quantités minimales d'énergie ou quanta, indivisibles. La théorie est opérationnelle mais de nombreux problèmes d'interprétation subsistent.

Théorie quantique des champs : Formalisme fortement mathématisé utilisé pour décrire la création et la disparition de bosons lors des interactions entre particules élémentaires. Les champs représentent la réalité ultime de cette théorie où les particules ne sont que des fluctuations localisées de ces champs.

Trou noir : Masse effondrée dissimulée derrière un horizon, dont aucune lumière ni matière ne peut s'échapper. Un trou noir se produit dès que la vitesse d'échappement d'un corps devient identique à la vitesse de la lumière. Un objet de la masse du Soleil est un trou noir si son rayon est de 2,5 km. Certains trous noirs représenteraient l'un des produits finis de l'évolution stellaire.

Virtuel : Se dit d'un processus qui viole la règle de conservation de l'énergie et de l'impulsion, pendant un temps infime contingenté par le principe d'incertitude d'Heisenberg. Ces phénomènes sont inobservables mais nécessaires à la compréhension des relations entre particules réellement observables qui, elles, respectent strictement la loi.

BIBLIOGRAPHIE

X. Audouard, M. Cassé, D. Kipman, M. Montrelay, B. Nicolescu, P. Solié et D. Décant : *Le psychanalyste, le physicien et le réel,* éd. Poiesis, 1987.

J. Audouze : *Aujourd'hui l'Univers,* éd. Belfond, 1981.

N. Bohr : *Physique atomique et connaissance humaine,* éd. Gauthier-Villars, 1961.

L. de Broglie : *Matière et lumière,* Albin-Michel, 1937. — *Nouvelles perspectives en microphysique,* Albin-Michel, 1956 — *Sur les sentiers de la science,* Albin-Michel, 1960 — *Certitudes et incertitudes de la science,* Albin-Michel, 1966 — *La physique nouvelle et les quanta,* Flammarion, 1974 — *Recherches d'un demi-siècle,* Albin-Michel, 1976 — *Les incertitudes d'Heisenberg et l'interprétation probabiliste de la mécanique ondulatoire, Gauthier-Villars, 1982* (ouvrage supposant des connaissances préalables en physique et en mathématiques).

Bureau des Longitudes (un collectif d'auteurs) : *La Physique,* Gauthier-Villars, 1981.

M. Cassé : *La Liberté de l'esprit n° 6 : Généalogie de la matière,* éd. Balland, 1984 — *Les Immatériaux, épreuve d'écriture,* éd. du Centre Georges Pompidou, 1985 — *Modernes et après, les Immatériaux,* sous la direction d'Elie Théfilakis, *Autrement,* 1985 —

L'espace super-star, astronomes et astronautes : les héros du ciel, sous la direction d'Anna Alter et Jan de Kergoren, *Autrement* n° 77, février 1986 — *La vie des étoiles,* éd. Nathan, 1986.

M. Cazenave : *La science et l'âme du monde,* éd. Imago, 1982.

D.H. Clark et F.R. Stephenson : *The Historical Supernovae,* Pergamon Press, 1977.

G. Cohen-Tannoudji et M. Spiro : *La Matière-Espace-Temps,* Fayard, 1987.

M. Crozon : *La matière première, la recherche des particules fondamentales et de leurs interactions,* éd. du Seuil, 1987.

P. Davies : *Superforce,* Payot, 1987.

C. Doom : *La vie des étoiles,* éd. du Rocher, 1986.

A. Einstein : *La théorie de la relativité restreinte et générale,* éd. Gauthier-Villars, 1971 — *Comment je vois le monde,* éd. Flammarion, 1979 — *La relativité,* éd. Payot, 1979 ; *Correspondance,* Inter Éditions, 1980.

A. Einstein et L. Infeld : *L'évolution des idées en physique,* éd. Flammarion, 1938, et Payot, 1963.

B. d'Espagnat : *A la recherche du réel,* éd. Gauthier-Villars, 1979 — *Un atome de sagesse,* éd. du Seuil, 1982 — *Une incertaine réalité,* Gauthier-Villars, 1985.

R. Feynman : *La nature de la physique,* Seuil, 1980.

G. Galilée *Dialogues,* Hermann, 1966.

G. Gamow : *M. Tomkins au pays des merveilles,* Dunod, 1957 — *M. Tomkins explore l'atome,* Dunod, 1959 — *Trente années qui ébranlèrent la physique,* Dunod, 1968.

L. Goughenheim : *Méthodes de l'astrophysique,* éd. Hachette-CNRS, 1981.

W. Heisenberg : *Physique et philosophie,* Albin-Michel, 1971 — *La partie et le tout,* Albin-Michel, 1972.

M. Lachièze-Rey : *La connaissance du cosmos,* éd. Albin-Michel, 1987.

J.M. Lévy-Leblond et Françoise Balibar : *Quantique*, Inter Éditions, 1984.

Georges Lochak : *12 clés pour la physique*, éd. Augustin Fresnel, 1985.

J.P. Luminet : *Les trous noirs*, éd. Belfond, 1987.

B. Nicolescu : *Nous, la particule et le monde*, éd. du Mail, 1985.

S. Ortoli et P. Pharabod : *Le cantique des quantiques*, éd. La Découverte, 1984.

H. Pagels : *L'univers quantique*, Inter Éditions, 1985.

J. Perrin, *Les éléments de la physique*, Flammarion, 1929 — *A la surface des choses*, Hermann, 1940-1941 — *Les atomes*, P.U.F., Paris, 1948, Gallimard, 1970.

M. Planck, *Initiation à la physique*, Flammarion, Paris, 1941 — *Autobiographie scientifique*, Albin-Michel, 1960 — *L'image du monde de la physique moderne*, Gonthier, 1963.

Platon : *Le banquet*, éd. Garnier-Flammarion.

H. Poincaré, *La science et l'hypothèse*, Flammarion, 1906 et 1948 — *Science et méthode*, id. 1908 — *La valeur de la science*, id. 1913 — *Dernières pensées*, id. 1913 et 1963.

H. Reeves : *Patience dans l'azur*, éd. du Seuil, 1981 — *Poussière d'étoiles*, éd. du Seuil, 1984 — *L'heure de s'enivrer*, éd. du Seuil, 1987.

H. Reeves, M. Lachièze-Rey, M. Cassé, T. Montmerle, P. Fayet, R. Schaeffer, M. Cazenave et M.O. Montchicourt : *Chaos et cosmos*, éd. du Mail, 1986.

S.L. Shapiro et S.A. Teukolsky, *Highlights of Modern Astrophysics*, John Wiley and Sons, 1986.

E. Schatzman : *Science et société*, éd. Robert Laffont, 1971 — *Les enfants d'Uranie*, éd. du Seuil, 1986 — *Le message du photon voyageur*, éd. Belfond, 1987.

M.A. Tonnelat : *Histoire du principe de relativité*, éd. Flammarion, 1971.

REMERCIEMENTS

Les versions préliminaires de ce texte ont été lues, discutées, commentées par plusieurs personnes que je tiens à remercier chaleureusement : Jean Audouze, Sébastien Cahen, Jean-Claude Carrière, Catherine Cesarsky, Yves David, Roland Larue, Claude Manus, Isabelle Naddéo, Nicolas Prantzos, Hubert Reeves, Elie Théofilakis et Elisabeth Vangioni-Flam.

Je remercie particulièrement Elisabeth Vangioni-Flam et Roland Larue qui ont influencé avec tact la toute première et la toute dernière forme du manuscrit.

J'exprime ma gratitude à Jean Audouze pour son aide et ses encouragements permanents.

Je remercie également Marc Weitzmann et Brigitte Tartière pour leur contribution à la clarification de mes intentions littéraires et picturales.

Cet ouvrage a été réalisé sur
Système Cameron
par la SOCIÉTÉ NOUVELLE FIRMIN-DIDOT
Mesnil-sur-l'Estrée
pour le compte des Éditions Belfond
le 13 janvier 1988

Imprimé en France
Dépôt légal : novembre 1987
N° d'édition : 2099.1
N° d'impression : 8578